U0244272

Research on Farmers'
WHEAT VARIETIES
Selection in the Huang-Huai-Hai Region

本书系"中国农业科学院科技创新工程（ASTIP-IAED-2020-08）"资助成果

黄淮海地区农户种植
小麦品种选择研究

王秀东　李媛　王永春　闫琰　著

中国财经出版传媒集团

经济科学出版社
Economic Science Press

前　言

　　农业是我国经济可持续发展的重要根基和保障，但当前我国粮食生产中存在结构性失衡的问题，深化农业供给侧结构性改革是解决这一问题的关键。在此情况下，新品种作为农业科技进步的物化成果，对提升粮食综合生产水平、解决结构问题、推进供给侧改革、促进农业高质高效发展都有着重要的意义。

　　我国小麦播种面积大约保持在 3.6 亿亩（2400 万公顷）左右，总产约 1.2 亿吨，占所有粮食产量的 1/5，是我国第二大粮食作物，在我国粮食安全、居民食物消费以及社会稳定方面具有重要作用。黄淮海地区的小麦种植面积占全国总种植面积的一半以上，小麦产量常年占全国小麦产量的六成以上，是我国小麦主产区，也是我国优质小麦发展基地，更是北方地区口粮安全的重要保障。所以，对黄淮海地区农户种植小麦的品种选择进行研究，不仅可以了解当前黄淮海地区小麦生产现状，还可以了解新品种的推广情况以及影响农户品种选择的因素，发现当前该地区小麦生产存在的问题，进一步促进小麦产业发展，推进农业供给侧改革。

　　本书立足于农户视角研究黄淮海地区农户选择小麦品种的影响因素。首先，阐述了相关理论，并对关于农户品种选择影响因素的研究进行文献回顾。其次，介绍了黄淮海地区小麦生产及品种发展情况，对该区小麦品种发展背景及小麦主导品种进行分析。再其次，对黄淮海地区 2007 年调研数据和 2017 年重访的调研数据进行描述性分析，研究 10 年间该区农户种植情况及品种选择的基本变化。最后，建立 Logit 模型和 DID 模型，对调研数据进行实证分析，探索对农户选择新品种的影响因素。

　　研究发现，不同地区之间农户选择行为差异较大；风险意识、种子可获得性、农户预期收益、家庭规模这几个变量对农户小麦新品种选择具有显著影响，其中家庭规模和预期收益对农户采用新品种有正向影响；品种可获得性、风险意识对农户选择新品种具有负向影响。据此提出强化示范推广工作、发展适度规模经营、加强农业社会化服务体系建设和完善优质优价机制等政策建议。

目　录

第 **1** 章

绪 论

1.1 研究背景、目的及意义

1.1.1 研究背景

自古以来,粮食安全问题关系到人类繁衍、社会稳定、国家兴衰。现在,粮食安全问题与社会安定和经济发展依然紧密相关。我国是农业大国,粮食安全问题历来都备受重视,到 2019 年,中央一号文件已经连续 16 年聚焦"三农",凸显了农业在国民经济中的重要基础地位。国家出台了一系列惠农政策和补贴政策,确保粮食生产顺利进行。当前我国粮食生产稳定发展,但粮食稳产的背后,我国粮食消费需求的不断增加以及食物消费结构的不断升级使我国粮食生产面临严峻挑战。人口基数大、数量持续增长的国情决定了粮食消费需求巨大，同时，我国当前正处于向全面小康迈进阶段，社会经济发展使得食物消费结构不断改善，肉、蛋、奶、水产以及副食品消费迅速增长，随着生活质量的提高，人们对食物质量的评判标准越来越高，也日益重视粮食的品质。

在此背景下，粮食生产提质增效就成为提高粮食综合生产能力、深化农业供给侧结构性改革的关键所在。有研究显示，科技进步对粮食生产力的提升有巨大贡献，品种改良能够明显提高作物产量和质量水平，实现粮食生产的提质增效。小麦是我国仅次于水稻的第二大粮食作物，近年来，由于居民食物消费结构的升级，种植业结构不断调整，根据国家统计局公布的数据，我国小麦播种面积保持在 3.6 亿亩（2400 万公顷）左右，总产量约 1.2 亿吨，占全部粮食产量的 1/5。北方大部分地区以小麦为主要口粮，小麦占口粮消费总量的 43% 左右，在我国粮食安全、居民食物消费以及社会稳定方面具有重要作用。黄淮海平原地区的小麦种植面积占全国总种植面积的一半以上，小麦产量常年占全国小麦产量的六成以上，是我国小麦主产区，也是我国的优质小麦发展基地，更是北方地区口粮安全的重要保障。

1.1.2 研究目的

黄淮海地区是我国小麦主产区，黄淮海地区小麦品种发展为本地区小麦产业奠定了基础，对全国小麦产业的发展也有着重要意义。本书研究黄淮海地区农户种植小麦品种情况的主要目的包括：

（1）研究我国黄淮海地区小麦品种种植现状；

（2）探索当前黄淮海地区农户品种选择的影响因素；

（3）为促进黄淮海地区小麦生产从品种到品质、从品质到产业的发展提出合理有效的政策建议。

1.1.3　研究意义

农户作为粮食品种的使用者，决定了选择什么样的新品种以及将新品种的潜在价值转化成现实价值，农户对品种的选择情况是检验优良品种推广是否成功的标准。唯有充分了解农户的选择行为，深入考察农户需求，才会使科技培育的优良品种得到推广，才能实现以优良品种促进小麦种植提质增效的目的。当前，我国培育的新品种种类繁多，而农户接受新品种较少，造成我国小麦品质提升缓慢，从而制约了小麦产业的发展。因此，本书从农户选择新品种的角度入手，研究农户在新品种选择过程中的影响因素，为促进农户采用新品种提供政策建议，使农户增产增收，推动小麦产业的发展。

1.2 研究内容与研究方法

1.2.1 研究内容

本书内容共分为六章。

第1章，绪论。介绍了本书的研究背景、目的和意义，明确了本书的内容、方法和技术路线，以及本书的创新点与不足。

第2章，理论基础与研究现状。首先，界定了相关概念；其次，对农户行为理论和农业技术创新扩散理论进行总结；最后，从作物品种、影响农户选择行为的因素、研究方法等方面展开文献回顾，并对以往研究进行总结。

第3章，我国小麦生产及品种更替阶段分析。根据国家统计局及全国农作物主要品种推广情况统计数据，对我国小麦生产阶段和品种更替阶段进行划分。

第4章，黄淮海地区小麦生产及品种发展分析。主要介绍黄淮海地区小麦生产发展情况和小麦育种演变历程，对黄淮海地区小麦育种行为和品种发展的背景进行分析，并介绍当前该地区小麦主导品种的趋势。

第5章，黄淮海地区农户小麦品种选择分析。根据调研数据进行描述性统计，对黄淮海平原地区农户选择小麦品种的情况进行分析，并对 2007 年和 2017 年的情况进行对比，研究分析影响该地区农民选择新品种的因素。

第 6 章，农户小麦新品种选择影响因素实证分析。运用二元 Logit 模型对实地调研数据进行了回归分析，得出对黄淮海地区农户小麦新品种选择行为影响显著的因素，并以 DID 模型进一步验证，确定影响农户品种选择的因素。

第 7 章，主要结论与对策建议。根据前述的理论分析、描述性分析、实证研究总结全书的结论要点，进而根据主要结论提出相应政策建议。

1.2.2　研究方法

1. 实地调研法

设定调研问卷和方案，在河北、河南、山东三省展开了实地调研（实地抽样问卷调查）。通过实地调研，详细了解农户的种植情况，获取可靠的数据，为模型分析提供依据。

2. 描述统计分析法

对黄淮海地区小麦种植户的基本情况、品种选择情况进行描述性统计分析，定性分析 2007 年与 2017 年相比黄淮海地区小麦种植户在品种选择上的变化，为实证分析奠定基础。

3. 计量分析法

在对实地调研数据进行描述性统计分析的基础上，建立 Logit 回归模型，对农户新品种选择行为产生影响的因素进行分析，并利用 DID 模型，进一步验证农户选择行为的影响因素，为黄淮海地区小麦品种推广与应用的相关政策建议提供实证依据。

1.3 技术路线

本书的技术路线如图 1 - 1 所示。

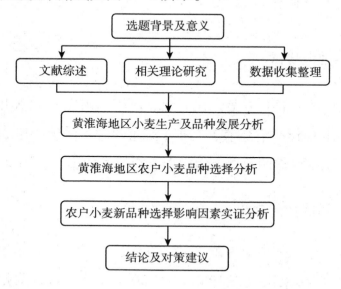

图 1 - 1　技术路线

1.4 研究创新与不足

1.4.1 创新

已有研究都利用一期数据对影响农户选择的因素进行分析，可能存在误差或遗漏与农户行为有关的重要变量。本书针对农户的小麦品种选择行为进行研究，通过两期数据分析农户品种选择的因素，并利用双重差分法来再次检验，从而避免内生性问题，是一个新的尝试。

1.4.2 不足之处

限于人力、时间等因素，本书获取的样本数量有限，仅河南、河北和山东三省两期共 627 份农户问卷，在代表整个黄淮海地区农户小麦品种选择情况方面，存在一定的局限性。

第2章

理论基础与研究现状

2.1 相关概念界定

《中华人民共和国植物新品种保护条例》（以下简称《植物新品种保护条例》）中对植物新品种的定义是：经过人工培育的或者对发现的现有野生植物加以开发，使其具有新颖性、特异性、一致性和稳定性，并有具体命名的植物品种。本书中的新品种特指小麦新品种，农户选择新品种是指农户当年种植的小麦品种比之前种植的品种新（在市场上出现得晚）。

2.2 理论依据

2.2.1 农户行为理论

农户品种选择行为被归属于农户经济行为，想要深入分析研究农户品种选择行为，首先必须对农户行为理论有一定的了解。本节将国内和国外不同学者提出的比较主流的理论总结如下。

1. 西方对农户行为理论的分析研究

（1）经济学家舒尔茨的"理性小农"理论。舒尔茨（1964）指出，农户经济行为的本质是为获取最大限度的收益。除此之外他还提出，小农的经济行为一般始终保持着理性，可以根据外界变化的不同信息来调整自己的具体操作，让自己所有资源发挥最大的作用。1979 年，波普金（Popkin）借助舒尔茨所提出的假设，在进行了更加深入的研究和分析之后提出，小农的目标是获取最大限度的收益，更是能够对未来收益和风险进行评估，并做出最优选择。

（2）西蒙的"有限理性"理论。西蒙（1982）指出，在日常生活之中，人类很难保持绝对的理性，农户也是如此，处于"完全理性"与"非理性"的区间内。西蒙指出，一方面，只有处于全部可选择策略的结局都拥有唯一性，且做决定的人充分彻底地分析研究的前提之下，方有可能选择出最好的方案；另一方面，如果农业决策者可以准确且正确地把全部选择的可能结局，不论确定的还是不确定的，甚至是存在一定风险的利润按照一定标准排列，那么决策者同样能够挑选出获得最大收益的方案。但实际生活中，上述提到的全部前提基本无法实现。每个人大脑中所储存的知识并非是无限的，人类的各种能力也不是无限的，当他们真正决定去做某一件事的时候，不论是他的决定还是最终的结果都受到自身根深蒂固的价值观的影响。除此之外，农户所处的外界环境也不是固定不变的，它存在高度的不确定性，它的复杂性甚至远超人类的想象。所以农户实际的经济行为只会是"有限理性"的，农户的决定行为实际所寻找的是"满意决策"，并非是所谓的"最佳决策"。

（3）恰亚诺夫的"自给小农"理论。恰亚诺夫（1996）指出，农民的生产种植活动是为了能够为自己的家庭提供足够良好的生活，并不是以往经济学家所认为的为了获取最大限度的收益。因此，在此基础之上，他进一步指出资本主义收益的计算方式并不适合实际中小农家庭农场收益的计算，农户的经济活动和资本主义公司的农业经济行为并不完全相同。两者间主要的区别体现在以下两方面：一是小农家庭的经济活动主要是由家庭劳动力来完成，但是资本主义公司的各种经济活动行为则是由被雇佣而来的劳动力来完成；二是农民所生产出来的劳动产品大多被用于家

庭日常生活之中，满足家庭需求，这和资本主义公司所追求的最
大限度利益明显大相径庭。因此恰亚诺夫把农户经济活动的根本
目的简化为八个字，即"回避风险，安全第一"。

2. 中国对农户行为理论的深入研究

（1）黄宗智于《华北的小农经济与社会变迁》（1985）、《长
江三角洲小农家庭与乡村发展》（1990）中都提出想要真正了解
中国小农的行为就需要进行全方面的分析和研究。在此，要将
"小农"的三个层面当作不可分割的一个整体，换句话说就是小
农属于一种要求获得最大限度收益的人群，但同时他们也仍旧属
于维持生计的生产人员的范畴，除此之外他们也仍旧属于受剥削
的耕种人，这三个完全重叠的层次分别呈现出小农这个整体的某
一个特征，也仍旧属于半无产化的小农经济范畴。同时，黄宗智
根据农户农业商品化程度把小农人群划分为几种不同的层次，处
于不同阶层的小农，他们的活动选择一般不会保持一致。商品化
程度偏高的富足的家庭农场，他们所需要的是获取最大限度的收
益；与他们相对的就是商品化程度偏低的贫困的家庭农场，其追
求的更偏向于自给自足。

（2）郑风田（2000）研究和分析了"自给小农"理论以及
"理性小农"理论存在的不足之处，充分理解并借助于西蒙的
"有限理性"理论，提出小农经济的制度理性理论。他在研究中
指出，生活在不完全相同制度下的农户，相互之间的理性从本质

上就是存在差别的，当完全依靠自己来满足家庭需求的时候，农户行为是以家庭效用最高为目的；而当农户生活在完全商品经济的市场制度中的时候，小农活动就是为了获取最大限度的利益，这种理性属于"经济人"行为；当农户生活在不完全依靠自身来满足家庭需要的制度中的时候，小农活动一方面属于家庭生产，另一方面也属于社会生产的范畴，在这种前提之下，农户的理性活动存在特殊的双重性特征，制度的不断变化也会使小农的理性行为出现不同结果。

（3）徐勇和邓大才（2006）认为中国农村处于一个社会化程度偏高、土地均等化以及税费全免的情况，据此给出了"社会化小农"理论。他们提出，中国农村自改革开放至今，农村的社会情况与以往相比存在两个明显的不同：一是如今的社会依据农户家庭人口数目来分配土地，农民大多都能够满足自己最基本的生活需要；二是如今的社会化程度正在不断提升，而这种提升也影响到农民的生产、生活以及交往等各个方面。以往有效的小农理论无法解释当代的各种问题，这是由于那些理论都是假设小农生存的基本需要仍旧没有得到满足，也假设小农的社会化以及市场化仍旧处于较低的水平，而这显然与实际情况是相互违背的。在这种情况下，小农理论正处于需要注入新的分析框架分析假设条件出现变化之后的小农行为和其根本的行为原因的关键时刻。徐勇和邓大才提出，想要推测小农动机和行为，要根据"户""地""时""需求层次""发展阶段"

来确定，同时需要借此准确地概括出这一阶段大多数小农的行为以及动机。

上述学者按照他们生活的不同的历史时期以及环境，分别从自己的研究主体中给出了不完全一致但都相对正确的看法。但是，根据国外的观点所得出的结果，绝对不可以直接照搬到中国农户生产行为的分析和研究之中。本书认为，与外国的各种研究相比，郑风田（2000）的理论更加适用于中国的国情。除此之外，我们仍旧应该从现实的角度出发，从中国的各种农户行为中概括出一个适用于中国农户行为的实际状况的规律。

2.2.2　农业技术创新扩散理论

想要深入研究和分析农户的选择行为，需要调查清楚农户将新技术应用到实践中的实际选择情况，同时借助于所调查的数据来呈现这一技术创新的实际推广情况。品种属于农业生产资料中一个十分重要的因素，同样也属于农业创新技术的载体，品种的推广实际上是技术创新扩散的一种，所以农户品种的挑选过程就是农业技术创新扩散的过程。农业技术自最初决定研究到最终产品制造出来，这中间务必要经历一个十分繁复的扩散过程，显然这不仅只有一两个阶段，直至经历过各种实践之后，这一技术创新才能够被真实的农业生产所接受。在这个过程之中，其本质属于一个引导农民更改自身行为的过程，但因为农民个人特征和农业生产本身的特点都影响着整个过程，这就注定农业技术创新扩散必定是多变的。

1. 农业技术创新

熊彼特（1912），从经济学层面重新给出了创新的定义，他指出创新本质是生产要素与生产条件的重新结合。同样，傅家骥（1998）以及许庆瑞（2000）在进行技术创新方面的研究中同样重点说明了技术创新实际上囊括着的经济意义，他们提出创新本质是构建新的可以重新组合生产要素以及生产环境的生产系统，以达到利益最大化的目的。

综上所述，农业技术创新属于农业技术、农业生产以及农业经济三者相互进行转变的一个过程。农业技术创新属于新的农作物品种、新的耕作措施以及新型农业机械等农业生产技术的研究以及制作过程，它使农业生产水平逐渐提升，农业生产体系不断进步，农业经济不断发展。

农业技术创新推广属于一个农业技术创新于社会体系之中的散播过程，对中国而言，农业技术创新推广的主体由进行技术创新活动的机构以及个人、明确推广策略的国家机构、专注于基层推广的组织机构和最基本的众多农户所组成。

2. 农业技术创新扩散的特点

农业生产行为很难避免自然环境以及政策等诸多因素的影响，

因此农业科学技术的创新推广过程中存在以下几种特征。

第一，区域差异性。每个地方的地理环境并不完全一致，土壤条件、气候条件等多种自然条件也并不完全一致，各地的经济发展情况同样有很大的不同。如玉米行间覆膜这一技术更加适用于天气干旱的地区或者气候干燥的时期，那么为了让新出现的农业技术能够更快地被广大农民所接受，在推广时就必须把改革地区的差别纳入考虑的因素，按照被推广地区不同的自然条件、种植习惯以及经济发展程度，更加精准地推广农业技术，只有这样才能让农民更快地接受新技术。

第二，高风险性。农业生产过程中，所在地区的自然条件对农业生产的影响显著，它几乎直接决定了当年的产量，这种情况使得农业技术创新的推广也受到影响，同时有了很高的风险性。本书此处所提及的风险不是来自被推广技术自身可能存在的缺点，而是指和新的技术创新相关的那部分不受控制的风险，如气候过大的波动、不受控制的自然灾害和过重的病虫害，等等。

第三，外部性。外部性这一概念表达的是一个经济主体的行为可能导致其他经济主体利润增加或者亏损的现象。深入到农业这一确切的行业，农业技术推广的一般表现是正的外部经济利润。对于中国而言，农业的基础产业以及弱质产业的根本特质使得农业技术的公共产品也存在某种特征，正是这些特征使得农业技术扩散的外部性十分固定。

3. 农业技术创新采用过程

实际生活中，农民从知道有一个农业新技术到将这个技术实际运用到日常的种植过程，一般包括认识阶段、兴趣阶段、评估阶段、试用阶段、采用（或放弃）阶段五个阶段。

认识阶段。农户由电视、广播等大众传播媒体或者个人的人脉关系等途径知晓某一农业新技术的存在。在此时期，农户仅仅是简单地知道有这个技术的存在，但没有刻意去了解该技术，不知道该技术的详细信息和数据。

兴趣阶段。农民在知道某一技术的存在之后，本能地会把这一技术与个人所进行的农业生产进行联系，若这个技术与自身农业生产行为的关联度较高，那么农民可能对此项技术产生兴趣，这种兴趣会促使农民借助所有渠道去了解这一技术的详细信息。

评估阶段。农民充分了解新技术信息后，将会完成个人需求与技术的预估，此阶段需要把新技术本身的特点、应用这一技术需要耗费的资金、后续所需的劳动力以及选择之后所获得的收益情况等所有方面综合思考，考虑得失之后，农民可能选择应用这一技术。

试用阶段。农户在完成评估阶段的各种操作之后，若他相信这一技术可以带来更大的收益，那么他也许会决定选择使用这一技术。不过在实际的生产之中，为达到在最大程度上降低风险的目的，农民通常选择在小范围内试用此技术。处于这一时期时，农民将学习有关新技术的各种知识，同时投入一定的生产要素，观察这一技术应用之后所带来的收益或者是其他的结果。

采用（或放弃）阶段。农民将按照试用时期所观察到的全部结果来确定最终是否选择使用此技术。第一种情况，农户满意自己所观察到的收益或结果，那么此时他很可能会选择大规模地应用这一技术。另一种情况显然是相反的，农民一旦对技术创新所带来的结果并不满意，那么他选择彻底放弃这一技术的可能性会更大。除此之外，也有可能决定继续在小范围内试用这一技术，再观察一段时间。

2.2.3　规模经济理论

规模经济理论，是指在特定时期内，随着企业生产规模的扩大，产品绝对量的增加，其单位生产成本会下降，即在一定条件下，扩大经营规模可以降低平均生产成本，进而提高利润水平，马歇尔（1890）、科斯（1937）以及萨缪尔森（1970）为该理论的形成发展做出了突出贡献。该理论认为，农业边际报酬的递减和农业生产要素的不可分性使得农业规模经济理论有实现的可能。农业生产规模的扩大和农业生产环节分工可以提高农业生产效率，并且可能因为规模的扩大升级原有的技术投入，新技术的革新会带来生产要素投入量的下降。

一般认为规模经济的临界点取决于长期平均成本曲线的变化趋势，即如果长期平均成本下降并处于最低点时，单位产出成本亦是最低，那么这一点上的投入规模就是农业生产最佳的经营规模。随着生产规模的进一步扩大，长期平均成本趋于上升，便产生了规模不经济。

规模经济理论在本书中的体现有以下两点。第一，在一定时期内，随着农户土地经营规模的扩大，即农业生产规模的扩张，农业生产的边际投入会逐渐下降，使生产的平均成本降低，即单位规模所消耗的投入品量会降低。其中，种子作为农业生产的一种投入品，随着农户生产经营规模的变化，其投入量、单位投入量或者种子的边际生产效率势必会受到规模变化的影响。第二，随着农户经营规模的扩大，原本的农业生产技术必然与扩大规模后的农业生产模式不再匹配，农户会逐步进行生产技术的升级，新技术的应用会带来农业生产要素（如种子）投入量的降低。

2.3 国内外研究现状

2.3.1 关于作物品种方面的研究

作物品种是农业生产资料中的重要因素之一。如今，农业科学技术不断发展，特别是育种水平不断提升，培育出了很多拥有高产、优质以及抗病虫害等多种有益特征的植物新品种。品种改良现已成为农作物增产以及品质增强的最重要的方式之一。近年来我国关于作物品种的研究情况如表 2 - 1 所示。

表 2 - 1 　　　　　　　　　关于作物品种方面的研究

项　　目	年份	学者	研究结论
在农作物增产方面	2001	格克汗（Gokhan）	转基因新品种可以增加单产并降低成本
	2007	郑元红等	品种对产量的贡献率为33.58%
	2016	王晓蜀	品种和技术的选择会提高玉米单产
在提高农民收入方面	2002 2004	黄季焜	转基因作物可以降低成本以及提高作物的产量和质量，从而提高农民收入
	2004	陈超	新品种保护制度的实施增加了农民的收入
	2006	林祥明	品种选择性的提高为农户选择提供了便利，进而使农户在生产中获益
在抗灾、抗病虫害方面	2001	王莉和胡瑞法	良种在粮食生产中对作物稳产和抗旱有积极的作用
	2014	金松灿等	对小麦品种进行改良可以降低株高，会降低小麦倒伏的风险
	2018	王峥	陕西地区对品种进行改良提高了小麦的产量和养分利用效率

2.3.2　关于农户品种选择行为影响因素的研究

在市场经济管理模式下，传统的农民不再是原来那种单一的产品生产者，农民已经逐渐拥有了生产产品的自主权，相对独立起来。不难看出，众多因素都会对农户的选择行为产生一定的影响，如常见的自然环境、市场经济环境、社会环境，以及农户自身的文化程度、年龄层次、思维方式、性格、经济收入等。除此之外，随着技术的进步，还有农业技术推广员的素质水平、农业种植本身的技术含量等因素。主要有以下四个方面。

1. 农户的自身特征

农户的自身特征通常包含农户的年龄层次、文化教育水平、农业技术经验以及农户本身的身体素质。这些因素都会从某种程度上影响农户的行为，都有可能影响农户在农业种植活动中的选择。宋军等（1998）通过对农民的选择行为进行调查后指出，年龄较大的农户往往会延续传统的选择方式，更倾向于高产型技术；年纪比较轻的新人们则大胆创新，更愿意选择具有技术含量的优质技术。罗小锋和秦军（2010）一致认为农户的年龄和文化教育程度是农户选择农产品新品种的主要影响因素。林毅夫（1994）通过对湖南省 5 个县农户的抽样调查，研究农户在杂交水稻品种选择上的行为表现，最终结果显示，农户的实际教育水平是影响农户选择杂交水稻概率的主要因素，并且呈现正相关效应。

2. 农户的资源禀赋

农户的资源禀赋主要由三个因素构成，分别是家庭收入、耕地禀赋、劳动禀赋。调查研究证明，这几个因素是影响农户选择农业技术的重要因素。朱希刚等（1995）将可能影响农户选择的因素划分为内在和外在两个部分。他们指出，接受新事物能力较强且经济实力较好的农户会优先尝试选择杂交玉米，而教育水平和经济实力较低、居住偏远的农户，往往不会选择种植杂交玉米。国内相当一部分学者还指出，非农收入为主的农户思想比较开放，选择新技术、新品种的家庭数量明显高于农业收入为主的家庭。主要原因是这些农户家庭大部分都会选择外出务工，经济上相对来说不是完全依靠农业收入，增强了家庭抗风险的能力。胡瑞法和黄季焜（2002）则是另辟蹊径，从耕地和劳动力资源两个因素着手，进一步研究它们对中国农业技术构成和发展所产生的影响。将研究结果与 20 世纪 90 年代末国内各省（自治区、直辖市）耕地利用现状进行对比，最终发现，人均耕地面积与耕地复种指数有着显著负相关关系。人均可耕地资源稀少也导致农户在选择上更倾向于选择新品种和高产栽培技术，这也导致该地区的复种指数不断提高。

3. 政府行为

实证分析充分表明，政府开展的推广模式、扶持补贴政策等因素在某种程度上也会影响农户在农业活动上的选择。曹光乔和张宗毅（2008）在山西、河北、天津、北京抽取 247 个研究样本，采用 Logit 模型创建了符合绿色农业的秸秆还田技术模型，并进一步对农户采纳该技术的结果和影响因子做出分析。结果显示，政府开展的农业政策行为才是对农户采纳秸秆还田技术最重要的影响因素。王秀东和王永春（2008）对黄淮海地区的山东、河北、河南三省农户进行调研，结果显示大约 64.23% 的农户一致认为现阶段政府实行的小麦良种补贴方式对自身的选种没有产生任何影响。吴英杰（2009）研究认为，国家财政支农资金并没有起到积极的作用。也有学者（廖志臻等，2017）以小麦作为农作物研究样本，通过对 9 个省（自治区、直辖市）在种植品种选择、投资选择、劳动分配等问题上的调研论证和分析，得出结论：政府粮食补贴政策并不能促进小麦种植面积和对其物资投入的增加，与农户劳动程度呈负相关。

4. 信息获取程度

信息获取主要是指种植基地距离市区的距离、交通是否方便、与各种信息的接触程度，如通过电视、报刊、收音机等媒介，以及当地是不是有技术员做现场指导等。曹建民等（2005）指出，当今社会农业技术指导和农业信息学习才是解放农户思想，引导他们采取新技术、接受新事物的关键所在，农户往往在经过技术培训之后更愿意积极地采取农业新技术。韩军辉等（2005）通过对农户获知种子信息的渠道进行研究，最终得出农户年龄、购买心理、购买渠道数量等都是影响农户采用新品种的关键。蒙秀锋（2005）通过对广西贺州的实地考察，认为可以从内外部因素对农户选择进行分析，明确指出农户的文化教育水平、经济实力、经济收入主要来源、耕种粮食面积、劳动力身体健康状态、农作物新品种的特点、必要的公共宣传、成功农户的积极调动作用、推广人员的业务素质、负责经营种子的企业数目、国家农业技术部门的大力支持、当地粮农政策、农户劳作方式等多个因素，都是影响农户选购新品种的重要因素。

2.3.3　关于农户选择行为的研究方法

1. 运用描述性统计分析法

早期的研究中，研究者是通过实际的考察数据分析得出结论的。如宋军（1998）就是通过统计描述和实际调研的方式做了具体分析并得出结论；蒙秀峰（2005）采用分层抽样的方式，对个案做了详细探讨，结合半结构访谈等方法对影响农户决策的主要原因做了研究。

2. 运用实证分析法

随着分析的深入，国内众多学者大都通过模型回归对可能影响农户选择行为的关键因素进行实证分析。研究内容多为农户"是否选择新技术/新品种"的影响因素，采用比较多的模型包括 Probit 模型、Logit 模型和 Tobit 模型（见表 2 - 2）。

表 2-2 农户选择行为的研究方法

年份	学者	研究方法	研究内容
1998	宋军	描述性统计分析法	农户技术选择行为
1998	姜太碧	描述性统计分析法（对比试验法）	农户选择新技术与其成本、效益之间的关系
2002	张舰和韩纪江	Probit 模型	影响农户是否选择大棚技术的因素
2005	蒙秀峰	描述性统计分析法（个案研究、半结构访谈）	影响农户决策的因素
2005	韩军辉	Logit 模型	农户的新品种选择行为
2007	张丽娟	因子分析、Logit 模型	农户购种行为
2008	靖飞	Logit 模型	稻农品种认知的影响因素
2009	李冬梅	Logit 模型	影响农户选择水稻新品种的因素
2010	徐卫涛	Probit 模型	影响农户技术需求的因素
2011	罗峦	Logit 模型	农户品种更新行为
2011	刘笑明和李同升	Logit 模型	农户技术选择行为
2012	齐振宏等	Logit 模型	影响稻农选择新品种的因素
2013	王静	Tobit 模型	苹果种植户选择技术的影响因素
2013	庄道元等	Logit 模型	农户小麦品种采用行为
2014	李想	Probit 模型、结构方程模型	农户可持续生产技术选择行为
2014	曾铮	Logit 模型	影响菜农选择生产技术的因素
2014	侯麟科等	Logit 模型	农户选择农作物品种的影响因素
2015	丛人和万忠	Probit 模型	稻农金融需求影响的影响因素
2016	朱萌等	Probit 模型、ISM 模型	影响稻农选择新技术的因素
2017	李娇和王志彬	Probit 模型、Tobit 模型	农户节水灌溉技术选择行为
2019	黄晓慧等	Logit 模型	农户选择水土保持技术行为

2.3.4　文献总体评述

通过对国内外相关领域学者研究成果的归纳可知，国内外学者均认为新品种最重要的作用是提高农业生产率、提高农作物抗逆水平，真正做到增产增收。当前对农户新品种选择影响方面的研究常见的有 Logit 模型、Probit 模型和 Tobit 模型，研究对象多为大田作物，主要是常见的水稻、小麦、玉米等，这些农作物种植面积相对来说都比较大。现阶段在农作物品种选择上的研究主要是静态论证，关键研究内容是能对农户选择行为产生影响的因素。具体结论是，农户品种选择行为的影响有内部原因和外部原因两个方面。内部原因主要包括农户自身特征及资源禀赋，如年龄、性别、文化教育程度、耕地规模和劳动力资源等；外部原因则主要包括政府行为、国家补贴政策、信息来源等。

综上所述，对影响农户品种选择行为的研究表明，影响因素各种变量都是主观上占主导，这方面相关的理论研究并不成熟且未形成一定体系，缺乏科学性。现阶段该领域的研究局限于截面数据的静态分析，缺乏动态论证，这可能导致在农户选择品种的关键影响因素覆盖率上不够全面或研究结论存在局限性。

第 **3** 章

我国小麦生产及品种更替阶段分析*

3.1 小麦生产阶段性划分

  新中国成立以来，尤其是改革开放之后，全国范围内的小麦生产从单产到总产量均取得了长足进步，小麦生产迅猛发展。1949 年新中国成立之初全国小麦平均单产仅为 642 公斤/公顷，而在 2019 年小麦的单产已增长为新中国成立之初的 8.8 倍。综合看来，可以根据不同时期小麦生产的主要目标、面积变化情况、产量增减变化情况，将小麦种植生产划分为三个大的发展阶段。1949 ~ 2019 年我国小麦播种面积、产量及单产趋势如图 3 - 1、图 3 - 2 所示。

---

  * 本章数据若无特别说明，均出自国家统计局公布的数据。

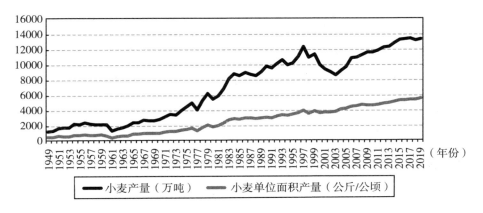

图 3 - 1　1949~2019 年我国小麦产量及单产趋势

资料来源：国家统计局。

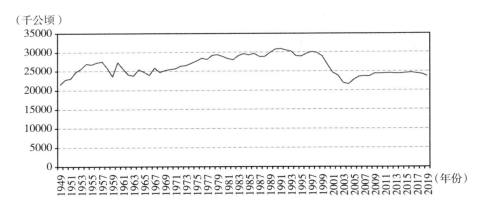

图 3 - 2　1949~2019 年我国小麦播种面积

资料来源：国家统计局。

3.1.1　改革开放前小麦生产发展阶段

1949~1978 年为小麦种植生产的第一阶段。此阶段小麦生产以增加总产、提高单产和减少病虫害抗性为主要目标。

1949～1956 年，全国小麦种植面积和总产量由 1949 年的 21516 千公顷和 1382 万吨，增加到 1956 年的 27272 千公顷和 2481 万吨，面积和总产量分别增长 26.7% 和 79.5%，小麦单产由同期的 642.1 公斤/公顷提高到 909.7 公斤/公顷，增长了 41.7%。小麦产量在迅速恢复的基础上，用了 7 年时间增加了 1099 万吨，年平均递增 8.7%。此时期单产提高的作用略大于种植面积增加的作用。

1957～1965 年，小麦总产一直低于 1956 年的水平，1961～1963 年由于自然灾害等原因总产量一度下降到 2000 万吨以下，即 1425 万吨至 1845 万吨的低谷，1964 年产量为 2084 万吨，1965 年恢复到 2522 万吨，是 1956 年小麦的生产水平。

1966～1978 年，小麦生产迅速发展，全国小麦单产在 1974 年突破了 1500 公斤/公顷，总产量由 1965 年的 2522 万吨增加到 1978 年的 5384 万吨，13 年的时间总产量增加 2862 万吨，增长了 134.8%，年平均递增 6.0%；种植面积增长了 18.1%，单产提高了 80.8%，单产提高对产量提高起了决定性的作用。

3.1.2 小麦生产稳定发展阶段

1979～1997 年为小麦种植生产的第二阶段。此阶段小麦生产持续稳定发展，小麦产量增加了一倍多，种植面积相对稳定，产量增加主要依靠单产的提高。

随着农村土地承包责任制的推行、粮食价格的提高、化肥农药等农用物资投入的较快增加以及优良品种潜力的释放，仅 1979～1978 年小麦总产量就增加了 889 万吨。1997 年与 1978 年相比，小麦总产由 5384 万吨增至 12329 万吨，增长了 129.2%，年均增长 4.45%，高于全国粮食总产增长水平 1 个多百分点。同期小麦单位面积产量由 1844.9 公斤/公顷增至 4101.9 公斤/公顷，提高了 1.2 倍；这个时期小麦种植面积基本保持在 29000 千公顷上下，相对比较稳定。

归结小麦单产得以快速增长的因素主要为抗倒伏能力的提高，农业生产资料、劳动力等投入的增加以及高产新品种的推广。在新技术推广过程中，与之配套的栽培技术的推广也随之取得了较大的进展，典型案例包括山东的精播栽培技术、四川的疏株密植技术，以及河南的高、稳、优、低技术等。

3.1.3　小麦生产恢复和结构调优阶段

1998 年至今为小麦种植生产的第三阶段。在国家一系列重大支农惠农政策激励下，依靠科技进步和政策推行，我国小麦生产实现了恢复性增长，生产能力稳步提升，这一阶段在提高小麦产量的同时，更加注重质量的提高。主要表现在以下两个方面。

一是恢复面积、提高单产、增加总产。1998～2004 年，我国小麦种植面积连续 7 年下滑，由 1997 年的 30056 千公顷下降到

21626 千公顷，面积减少了 8430 千公顷，减幅 28%。2004 年以后，国家出台了有利于小麦生产发展的新政策，包括粮食直补、农机具购置补贴和良种补贴，2006 年公布了农资增支综合直补政策和小麦最低收购价，极大地提高了农民的种粮积极性。2005 ~ 2008 年小麦种植面积有所恢复，由 2004 年的 21626 千公顷，恢复到 2008 年的 23703 千公顷，增加 2077 千公顷，增幅 9.6%，2008 年之后小麦种植面积基本保持在 24000 千公顷上下。2004 年开始我国小麦单产逐年提高，2006 年首次突破 4500 公斤/公顷，2013 年突破 5000 公斤/公顷，2019 年突破 5500 公斤/公顷，小麦单产从 2004 年的 4251.9 公斤/公顷提高到 2019 年的 5629.8 公斤/公顷，增长了 32.4%。单产的提高带动总产量持续增长。2019 年我国小麦总产量 13360 万吨，比 2004 年增加 4165 万吨，增幅 45.3%，年均增长 2.5%。

二是积极发展优质小麦。1985 年农业部提出发展优质专用小麦。1998 年以来，随着农业结构战略性调整的展开和中国加入世界贸易组织（WTO），国家开始真正重视优质小麦的发展，在小麦面积、产量调减的同时，专用小麦面积迅速扩大。根据农业农村部网站数据，2001 年全国专用小麦面积达 6000 千公顷，比 1996 年增加 5000 千公顷。其中，达到强筋、弱筋小麦国标（B/T17892 和 GB/T17893-1999）的专用小麦面积达 2100 千公顷。2003 年全国优质专用小麦面积达到 8200 千公顷，已占小麦总面积的 37%，其中优质强筋、弱筋小麦达到了 2600 多千公顷。2006 年优质专用小麦面积达到 12600 千公顷，占小麦总面积的 53.4%，比 2003 年提高了 16.4%。

3.2
└─ 小麦品种更替阶段性划分

1949 年以来，我国的小麦无论从单产还是总产上都有巨大提高。总产量的变化主要由小麦单产变化和种植面积变化决定，但是 2000 年以来我国小麦的种植面积一直维持在 25000 千公顷以下，因此我国小麦增产的贡献主要源于单产增加。

良种增产作用在本质上已不仅是生物学上的概念，而且具有了经济学属性。良种增产作用是指在一定的栽培管理条件下，应用特定优良品种对提高作物产量的作用。种植优良品种相对于常规品种是实现了或可以实现产量潜力。实际应用时，良种增产作用具有两层含义：一是指单产贡献，在相同的气候条件下，通过应用良种、增加投入、科学管理，即在单位耕地面积上生产出更多的农产品；二是指总产贡献，即在一个特定的区域内，通过应用优良品种替代常规品种，使农产品总量大幅度增长。我国小麦种质资源丰富，有很多优良的品种在生产上得以大面积推广。但是由于推广品种比较多，生产中的小麦品种更替也变得比较难。目前中国小麦品种更替次数虽已有结论，但基本上是以育种家的经验为主。

通过历史上中国不同品种小麦种植面积的变化趋势，在一定程度上可以客观地确认小麦品种的更替次数和大概时间。由于受收集得到的资料和处理方法的局限，本书以《全国农作物主要品种推广情况统计表》中品种推广种植面积数据为主，以《中国小麦品种志》《中国小麦品种改良及系谱分析》中记载的数据为补充，选取不同年份种植面积在 60 万公顷以上的小麦品种，统计发现，从 1980 年以来，我国小麦种植已完成五次品种更替。

第一阶段：1981 ~ 1988 年。主要种植的小麦品种有：百农 3217、绵阳 11、济南 13、山农辐 63、博爱 7023、豫麦 2 号（宝丰 7228）、昌乐 5 号、扬麦 4 号、扬麦 3 号、泰山 1 号、小偃 6 号等。起主要作用的骨干亲本资源包括：阿夫、欧柔、阿勃、凡 6、蚰子麦、蚂蚱麦、早洋麦、碧蚂 4 号、st2422/464（郑引 4 号）、南大 2419、胜利麦和山前麦等。

第二阶段：1989 ~ 1995 年。主要种植的小麦品种有：扬麦 5 号、鲁麦 14（烟中 1604）、豫麦 13（郑州 891）、冀麦 30（84 - 5418）、西安 8 号、新克旱 9 号 s（克 80 - 179）、鲁麦 15、鄂恩 1 号、冀麦 26（石 82 - 5201）、豫麦 17（内乡 182）、豫麦 18（矮早 781）、鲁麦 1 号、绵阳 19、豫麦 10 号（豫西 832）、绵阳 15、鲁 215953、陕 7859、绵阳 20 等。起主要作用的骨干亲本资源包括：阿夫、洛 10、蚂蚱麦、阿芙乐尔、洛 13、矮孟牛、凡 6、山前麦、阿勃、st1472/506（郑引 1 号）、江东门、南大 2419、胜利麦、st2422/464（郑引 4 号）、矮孟牛 V、牛朱特、欧柔、豫麦 2 号

（宝丰7228）等。

第三阶段：1996～2002 年。主要种植的小麦品种有：豫麦 18
（矮早 781）、扬麦 158、绵阳 26、鲁麦 21、豫麦 49（温麦 6 号）、
豫麦 54（百农 64）、济南 16（鲁 54368）、豫麦 21（周麦 9 号）、
陕 229、冀麦 38、鲁麦 23、豫麦 41（温麦 4 号）、鲁麦 22、京冬
8 号、绵农 4 号、皖麦 19（皖宿 8802）等。起主要作用的骨干亲
本资源包括：矮孟牛、牛朱特、洛夫林 13、凡 6、高加索、小偃 6
号、st1472/506（郑引 4 号）、阿夫、南大 2419、胜利麦、st2422/
464、洛夫林 10 号、阿芙乐尔、北京 8 号、蚰子麦、豫麦 2 号
（宝丰 7228）等。

第四阶段：2003～2008 年。主要种植的小麦品种有：郑麦
9023、豫麦 18（矮早 781）、烟农 19、济麦 20、邯 6172、豫麦 70
（内乡 188）、济麦 19、扬麦 158、豫麦 49（温麦 6 号）、绵阳 26、
济南 17、鲁麦 21、鲁麦 23、陕 229、豫麦 54（百农 64）、豫麦 41
（温麦 4 号）、济南 16（鲁 54368）。起主要作用的骨干亲本资源
包括：小偃 6 号、鲁麦 14、牛朱特、鲁麦 13、阿夫、南大 2419、
北京 8 号、豫麦 18、鲁麦 18、周 8425B、邯 6172、陕 213、豫麦 2
号（宝丰 7228）等。

第五阶段：2009 年至今。主要种植的小麦品种有：郑麦
9023、济麦 22、百农 AK58、西农 979、郑麦 366、周麦 22、山农
20、鲁元 502、郑麦 7698、周麦 27、百农 207、中麦 895、烟农
19、邯 6172、济南 17。起主要作用的骨干亲本资源包括：小偃

6号、百农 AK58、鲁麦 14、鲁麦 13、鲁麦 18、阿夫、南大 2419、北京 8 号、周 8425B、邯 6172、Ph822 -2、周麦 16、陕 213 等。

对五个阶段主要种植的小麦品种特性进行分析，可以发现，大面积高产广适类品种在生产中一直占主要地位。如豫麦 18（矮早 781）、烟农 19、皖麦 19（皖宿 8802）、邯 6172、豫麦 70（内乡 188）、豫麦 49（温麦 6 号）等，其主要特点是综合性状好、高产稳产、抗性较好，对生产条件要求不严，容易管理，在不同地区、不同年份表现稳定，因而深受农民欢迎。从第三个阶段开始，优质小麦品种推广面积发展迅速。如鲁麦 21、郑麦 9023、济麦 19、济麦 20、济南 17 等优质小麦品种的推广面积增加，其中郑麦 9023 在 2004 ~ 2006 年连续 3 年居全国播种面积第一位，连续 17 年推广面积超过 50 万公顷。

3.3 本章小结

本章根据国家统计局及全国农作物主要品种推广情况统计数据，对我国小麦生产阶段和品种更替阶段进行了划分。

根据不同时期小麦生产的主要目标、面积、产量增减变化情况，将 1949 年至今全国小麦生产在波动中增长的趋势划分为三个大的发展阶段。

1949 ~ 1978 年改革开放前为小麦生产发展阶段。此阶段小麦生产经历了先升后降再升的过程。1949～1956 年小麦面积增加、单产提高，总产得到较大的增长；1957～1965 年小麦总产一直低于 1956 年的水平，由于病虫害的影响小麦减产显著，面积下降；1966～1978 年为小麦生产迅速发展时期，这一期单产提高对产量提高起到决定性作用，出现了不少大面积高产典型。

1978～1997 年为小麦生产稳定发展阶段。此阶段小麦生产稳定发展，产量增加了一倍多，种植面积相对稳定，基本保持在 29000 千公顷上下，产量增加主要靠单产提高。生产发展主要是一靠政策、二靠科技、三靠投入，保证了小麦生产持续稳定的发展。

1998～2006 年为小麦生产恢复和结构调优阶段。此阶段前期小麦生产呈现下降趋势，2003 年降到最低点。在国家一系列重大支农惠农政策激励下，依靠科技进步和政策推动，小麦生产实现了恢复性发展，生产能力稳步提升，单产水平不断突破，达到 5629.8 公斤/公顷的新高度。这一阶段要求在提高小麦产量的同时，更加注重质量的提高，小麦生产在单产达到较高的水平后进入提高产量与重视质量结构调优的艰难爬坡的发展阶段。

20 世纪 80 年代以来，我国小麦种植过程中已完成五次品种更替，第一阶段为 1981～1988 年，第二阶段为 1989～1995 年，第三阶段为 1996～2002 年，第四阶段为 2003～2008 年，第五阶段为 2009 年至今。大面积高产广适类品种在小麦生产中一直占主要地位，自 20 世纪 90 年代中期开始，优质小麦品种的推广面积在逐渐增加。

第4章

黄淮海地区小麦生产及品种发展分析*

4.1 黄淮海地区小麦生产与育种分析

4.1.1 黄淮海地区小麦生产发展分析

依据《中国农业综合区划》，黄淮海地区位于长城以南、淮河以北、太行山和豫西山地以东，其覆盖北京、天津两个直辖市和山东全省，还包括河北及河南两省的大部，以及江苏、安徽两省的淮北地区，共辖 53 个地市、376 个县（市、区），是我国最大的冬小麦产区。全区土地总面积 46.95 万平方公里，不仅是我国北方地区人口、产业和城镇密集地区，而且是全国政治、经济、文化中心，在全国经济发展格局中具有十分重要的战略地位。

---

* 本章数据若无特别说明，均出自国家统计局公布的数据。

　　我国的小麦种植有三大产区。一是北方冬小麦区,分布在秦岭、淮河以北,长城以南,是全国最大的小麦集中产区和消费区,主产区主要分布于河南、河北、山东、陕西、山西诸省。二是南方冬小麦区,分布在秦岭、淮河以南。这里是我国水稻主产区,种植冬小麦有利于提高复种指数,增加粮食产量,主产区集中在江苏、四川、安徽、湖北各省。三是春小麦区,主要分布在长城以北。该地区气温普遍较低,生产季节短,故以一年一熟为主,主产省区有黑龙江、新疆、甘肃和内蒙古。

　　从表 4 - 1 可以看出,黄淮海地区 2016 年的小麦种植面积超过 13700 千公顷,约占全国的 55.8%,总产量 8707.5 万吨,约占全国的 65.3%,每公顷产量约为 6323.8 公斤,远高于全国的平均水平 5327.1 公斤/公顷。2016 年黄淮海地区小麦播种面积最大的是河南,占比达到 30%,是河北的 1.9 倍。其次是山东,占比 28%。河南与山东的小麦播种面积合计占黄淮海地区小麦种植面积的一半以上。再次是河北、安徽、江苏,分别占到 16%、13% 和 12%。五省合计播种面积几乎为 100%,北京、天津的种植面积可以忽略不计。

表 4 - 1　　　　2016 年黄淮海地区各省(市)小麦生产情况统计

省(市)	地级市	小麦生产情况		
		播种面积(千公顷)	总产量(万吨)	单产(公斤/公顷)
北京		15.9	8.6	5408.8
天津		110.9	60.9	5490.5

续表

省（市）	地级市	小麦生产情况		
		播种面积（千公顷）	总产量（万吨）	单产（公斤/公顷）
河北	石家庄	319.2	256.2	6901.0
	唐山	115.1	66.7	5795.0
	秦皇岛	2.2	1.4	6363.6
	廊坊	68.5	40.0	5839.4
	沧州	341.2	207.6	6084.4
	保定	335.5	216.9	6465.0
	邢台	342.9	224.4	6544.2
	邯郸	375.4	262.4	6989.9
	衡水	257.4	169.2	6573.4
	小计	2157.4	1444.8	6697.0
山东		3830.3	2344.6	6121.2
河南	郑州	169.2	81.8	4834.5
	开封	241.3	151.3	6270.2
	洛阳	250.1	114.3	4570.2
	平顶山	167.5	86.1	5140.3
	安阳	202.0	117.1	5797.0
	新乡	302.6	208.4	6887.0
	焦作	146.0	112.5	7705.5
	濮阳	214.1	154.8	7230.3
	许昌	217.7	157.5	7234.7
	漯河	141.7	103.4	7297.1
	商丘	475.1	345.2	7266.3
	信阳	316.6	149.8	4731.5
	周口	680.0	507.2	7457.9
	驻马店	628.4	414.2	6591.4
	小计	4152.3	2703.6	6511.1

续表

省（市）	地级市	小麦生产情况		
		播种面积（千公顷）	总产量（万吨）	单产（公斤/公顷）
江苏	徐州	350.7	203.2	5794.1
	连云港	239.8	141.6	5904.9
	淮安	305.8	169.2	5533.0
	盐城	383.9	212.2	5527.5
	宿迁	378.8	156.4	4128.8
	小计	1659.0	882.6	5320.1
安徽	淮北	123.7	92.8	7502.0
	亳州	412.0	312.4	7582.5
	宿州	358.1	239.6	6690.9
	蚌埠	242.9	153.5	6319.5
	阜阳	495.4	339.5	6853.0
	淮南	211.6	124.6	5888.5
	小计	1843.7	1262.4	6847.1
合计		13769.5	8707.5	6323.8
全国		24694.0	13327.1	5327.1

资料来源：国家统计局官网、各省份统计年鉴。

改革开放以来，我国小麦生产格局逐渐向东部沿海转移，主要集中于黄淮海地区，其生产地理优势显著。以该地区五个小麦主产省（河南、河北、山东、安徽、江苏）为例，从播种面积来看，1978~2017 年河南、河北、山东、江苏、安徽五省的小麦播种面积从 1375 万公顷增长到 1741 万公顷，年均增长速度 0.59%。五省小麦播种面积占全国的比重从 1978 年的 47.08% 上升到 2017 年的 71.03%，增加约 24 个百分点（见图 4-1）。其中，河北、山东、河南三省小麦播种面积占全国的比重从 1978 年的 36.34% 上升到 2016 年的 49.66%，增加了 13.32%，约为全国的一半。河南、山东、安徽三省分别是我国种植冬小麦面积最大的三个省。

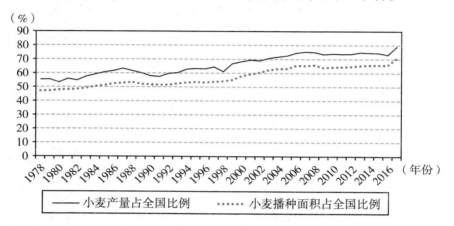

图 4 - 1　冀鲁豫苏皖五省小麦生产占全国小麦生产比例情况

从产量来看，1978～2017 年，河北、山东、河南、江苏、安徽五省小麦总产量从 2981 万吨增长到 10644 万吨，年均增长速度 32.33%，远高于全国小麦总产量 23.12% 的增长速度。五省小麦总产量占全国的比重从 1978 年的 55.36% 逐渐上升到 2017 年的 79.24%，增加了 23.88%（见图 4 - 1）。说明黄淮海地区是我国小麦生产的核心区域。2017 年，河南小麦总产量 3705.2 万吨，占全国小麦总产量的 27.58%，稳居全国小麦生产第一大省；山东省小麦总产量 2495.1 万吨，占全国小麦总产量的 18.57%，是全国小麦生产第二大省。

黄淮海地区小麦单产与全国小麦单产增长趋势基本一致，且一直比全国小麦单产高出 10% 以上。2017 年河北、山东、河南、江苏、安徽五省小麦单产 6115 公斤/公顷，比全国小麦单产 5481 公斤/公顷高出 11.57%。五省小麦单产早在 2006 年就超过了 5000 公斤/公顷，而全国小麦的单位面积产量直到 2013 年才突破此值，充分说明黄淮海地区小麦生产的稳定性和本区对全国小麦生产的重要性。

4.1.2 黄淮海地区小麦育种分析

新中国成立以来，我国小麦育种工作不断突破，其中黄淮海地区做出了巨大贡献，对我国小麦生产发展和品种改良发挥了积极作用。黄淮海地区小麦的育种方向与全国小麦育种进程大致类似，可分为四个阶段。

第一阶段以抗病稳产为目标，约在 20 世纪 50 年代至 60 年代。新中国成立初期，小麦品种杂乱且生产力水平极低。当时影响产量的主要因素是条锈病的流行，且条锈菌变异快，不断产生新的变种，小麦品种必须经常更新，因此抗病是当时育种的主要目标。这一时期的主要成果有碧蚂 1 号、甘肃 96、南大 2419、济南 2 号、北京 8 号、丰产 3 号等。

第二阶段以矮化高产为目标，大约在 20 世纪 70 年代至 80 年代。这一时期黄淮海地区生产条件不断改善，随着肥料和农药等生产资料的投入，各地开始发展丰产田。相应育成了一批矮秆、抗倒伏能力强的优良品种，同时推广配套的栽培技术，使小麦单产进一步提高。黄淮海地区的小麦单产在20世纪80年代末已超过了3500公斤/公顷。

第三阶段以多抗广适为目标，大约在20世纪80年代末到90年代末。80年代，随着小麦产量的不断提高，水肥增加，陆续出现了新的病害，同时农村生产体制改变，农业生产不再统一种植，农户种粮积极性有了明显提高，播种、水肥等呈多样化，因此对品种适应性提出了新的要求。这一时期小麦株高进一步降低，有效穗数和千粒重继续增加，使得单产提高到4500公斤/公顷。

第四阶段以优质高效为目标，约为20世纪90年代末至今。90年代中期，小麦产量进一步提高，但国家一直以来偏重产量而对小麦品质不够重视，局部地区出现产量较高品质却较差的小麦，使得小麦价格下跌，农民种粮积极性降低。为稳定小麦生产，提高小麦品质，从20世纪90年代后期开始，结合我国结构调整步伐加快和生产布局不断优化，黄淮海地区积极推广高产、高效、优质的小麦优良品种，小麦质量不断提高。2000年后，各地继续培育和推广优质专用小麦，进一步提高和改善了小麦的加工品质，优质小麦迅速发展，黄淮海地区也成为我国最大的中强筋小麦生产基地。

从黄淮海地区小麦品种发展的四个阶段可以看出，该区小麦育种目标经历了从产量到质量的改变，其本质是市场引导的。20世纪90年代末之前人民生活水平相对较低，人口数量和增长率是影响小麦需求量的主要因素。在此背景下国家坚持"以粮为纲"

的方针，所以小麦品种的改良以产量为导向，育成、推广的品种也以稳产、高产为主。但随着小麦产量的连年增收和人均收入水平的不断增加，居民的饮食结构发生变化，市场对小麦的需求不仅停留在口粮消费上，还有以小麦为主要原料的食品加工业和饲料行业，对小麦质量的要求也越来越高。因此，小麦市场供需产生不平衡，小麦育种开始向优质方向转变，来满足居民的日常饮食需求以及小麦加工业对优质专用小麦的需求。

从经济学角度分析，对消费者来说，食品消费的多元化发展使得人们对口粮的需求略有下降，对肉蛋奶及面包、点心等其他食品的需求量不断增加，这导致食品加工企业对优质小麦的需求上升。但是市场上普通小麦质量较差且供大于求，优质小麦供少于求，所以普通小麦价格下降，生产者收入降低。因此农户放弃种植小麦或者转向种植优质小麦，进而导致农户对优质小麦品种的需求上升，推动育种目标由高产到优质的转变。

种子企业也在育种方向转变中发挥了重要作用。《中华人民共和国种子法》（以下简称《种子法》）的颁布和一系列推进种业发展文件的出台，使我国种子市场进入市场化阶段，育种者的权益得到了保障，种子企业的经济效益也有大幅提高。因此，种子企业根据市场导向，不断培育小麦新品种进行推广，促进了小麦育种方向的转变。由表 4-2 可见，2004～2018 年国家审定的小麦新品种中，种子公司研发的新品种比例逐渐提升，育种企业发展迅速，对小麦育种做出了巨大贡献。此外，在每年国家审定的小麦新品种中，适宜在黄淮海地区种植的品种一直占比 60% 以上，说明黄淮海地区的小麦育种能力走在全国前列。

表 4 – 2　　　　　2004 ~ 2018 年国家审定小麦品种数

年份	总数(种)	科研单位(种)	种子公司(种)	种子公司占比（%）
2004	25	24	1	4.00
2005	22	21	1	4.55
2006	32	30	2	6.25
2007	30	29	1	3.33
2008	20	17	3	15.00
2009	33	30	3	9.09
2010	22	18	4	18.18
2011	21	18	3	14.29
2012	16	13	3	18.75
2013	25	20	5	20.00
2014	21	13	8	38.10
2016	34	21	13	38.24
2017	26	13	13	50.00
2018	77	37	40	51.95

资料来源：农业农村部网站。

4.2 黄淮海地区小麦品种发展背景分析

4.2.1　生态条件优越，品种优势显著

黄淮海地区属温带大陆性季风气候，四季变化明显，夏季

高温多雨，冬季寒冷干燥，全年均温 8～15℃，农作物大多为两年三熟，南部一年两熟。该地区年降水量 400～900 毫米，光热资源充足，雨热同期，有利于农作物生长；同时，该地区平原辽阔，土壤肥沃，耕地集中，农业机械化水平和农业现代化水平较高。

根据《中国小麦品质区划方案》，该地区主要可分为三个小麦生产区：一是华北北部地区，土壤多为褐土及褐土化潮土，有机质含量1%～2%，是强筋麦区；二是黄淮海北部地区，土壤以潮土、褐土和黄绵土为主，土壤肥沃的地区适宜发展强筋小麦，其他地区适宜发展中筋小麦；三是黄淮海南部地区，土壤以潮土为主，适宜发展中筋小麦。三个生产区均以白麦为主，适宜的生产条件使小麦单产水平较高，有利于小麦品质的稳定，其品质也均在全国水平之上，因此黄淮海地区能充分发挥品种优势，是我国优质小麦生产优势区，也是我国最大的中、强筋小麦生产基地。

4.2.2 政策引导，促进种子市场发展

2000 年《种子法》颁布实施，主要种子的管制被取消，国有公司的垄断地位不复存在。管制取消之后，私有种子企业如雨后春笋般纷纷成立，我国种子市场管理部门和经营部门分离，原先行政化、计划性的色彩逐渐褪去，市场呈现出激烈的竞争态势。

《种子法》的实施推进了我国种子市场的商业化改革进程，种子市场的法制管理也步入正轨。开放内资进入之后，我国种子市场又逐渐放开了对外资的管束，市场竞争呈现多元化态势。处于激烈竞争的生存环境之中，种子企业都非常注重种子研发、育种、生产、加工、经销能力的提高。如今，我国种子企业科研能力有所提升，每年推出很多新品种；种子经销网络发达，早已覆盖到农村。面对这样竞争激烈、发展迅速、扩张较快的种子市场，农户在选种时很少会出现购种难的问题，基本都可以选购到自己所需要的种子。

《种子法》《植物新品种保护条例》等种子相关的法律法规的颁布使得种子管理实现了法制化，营造了良好的市场环境；《国务院办公厅关于推进种子管理体制改革加强市场监管的意见》《国务院关于加快推进现代农作物种业发展的意见》等一系列文件不断完善种业政策支持体系，明确了现代种业发展方向，为种子行业发展提供了动力。黄淮海地区各省的相关部门不断推动现代种业发展，加快科技创新，促进种业创新体系的产学研结合；鼓励企业育繁推一体化发展，培育种业企业自主创新能力，提高黄淮海地区种业企业科研实力和育种水平。

4.2.3　补贴政策不断完善，农民积极性提高

自 2003 年起，国家在黄淮海地区的五个小麦主产省率先实施

了农业"三项补贴":农作物良种补贴、种粮农民直接补贴和农业生产资料综合补贴。其中,农作物良种补贴政策旨在支持农民积极使用良种,提高良种覆盖率,增加农产品产量,改善产品品质。小麦主要采用现金直接补贴或差价购种补贴的方式,与面积挂钩直接发放补贴资金的方式降低了农民的购种成本,差价供种方式加快了良种推广速度。良种补贴政策改变了部分农户自留种的习惯,引导农户在小麦选种上从产量向质量转变,同一品种或同一品质类型的优良品种实现了区域化布局和集中连片种植,这一政策也提高了农民的种粮积极性。

2015 年,国家开始在五个省(含安徽、山东)的部分地区开展改革试点,将农业"三项补贴"合并为"农业支持保护补贴",第二年在全国推广,政策目标调整为支持耕地地力保护和粮食适度规模经营。在稳定原农业"三项补贴"存量的同时,将一部分补贴资金由支持适度规模经营的方式转换为"特惠制",继续推动传统农业向现代农业转型。黄淮海地区作为全国小麦主产区和农业补贴政策改革的先头部队,在良种推广和规模经营方面都发展迅速,小麦生产进一步向该地区集中。

4.2.4 市场变化,小麦需求结构升级

我国小麦消费可分为四类,即制粉(口粮)、饲料、工业消费及其他(种用消费和损耗)。从表 4-3 可以看出,2007~2018

年我国小麦口粮消费整体呈缓慢增长的趋势，饲料用小麦消费变动较大，工业用粮略有上升。当前，国内居民的饮食结构已经开始从"数量"到"质量"转变，食物消费结构有了明显变化，消费的食品更加多样化，对加工食品以及其他副食品的需求也不断增长。未来随着城镇化的发展和居民经济水平的进一步提高，对饺子粉、面条粉、面包粉等专用面粉及饲料小麦的需求会进一步扩大。虽然现在小麦整体供需上没有缺口，但对品种的要求会不断提升，对小麦加工品质的要求也持续增高。

表 4 - 3　　　　　　2007～2018 年我国小麦消费情况　　　单位：万吨

时间	口粮	饲料	工业	其他	合计
2007～2008 年	8010	825	875	500	10210
2008～2009 年	8025	810	895	500	10230
2009～2010 年	8040	800	900	500	10240
2010～2011 年	8100	1300	1050	500	11070
2011～2012 年	8200	2000	1075	620	11900
2012～2013 年	8125	1750	1050	625	11535
2013～2014 年	8350	1300	1175	550	11375
2014～2015 年	8325	1400	1100	550	11375
2015～2016 年	8300	800	1025	560	10685
2016～2017 年	8850	700	750	471	10771
2017～2018 年	9300	1500	950	475	12225

资料来源：中华粮网、国家粮油信息中心。

　　黄淮海地区种子企业竞争激烈，每年均有各类机构育成的大量小麦品种进入市场。但农户特别是小农户对小麦种子的需求相对缺乏弹性，因此很多种子企业为了降低风险、争取利润，会销售大量同质化严重的种子，使得种子市场混乱而盲目。一方面，新品种多并不意味着农户有更多的选择，相反，面对杂乱繁多的小麦品种，农户选择会更加毫无头绪。另一方面，企业仅注重短期经济利益，推广小麦品种以高产品种为主，缺少对优质小麦品种的发展，因此小麦品种结构失衡，很难达到市场供需的有效平衡。

4.3 黄淮海地区小麦主导品种分析

进入 21 世纪以来，黄淮海地区主要推广产量与质量并存，更注重优质高效的小麦优良品种。2004 年开始，农业部不断发文推广粮食种植新技术和优良品种，从 2006～2016 年农业部发布的小麦主导品种来看（见表 4－4），该地区小麦主导品种有以下三个特点。一是多为优质强筋、中筋小麦。这也符合黄淮海地区自然条件优越，适宜种植中、强筋小麦，能充分发挥品种优势的特点，强筋品种如郑麦 9023、郑麦 366、师栾 02－1、新麦 26 等，中筋品种如济麦 22、周麦 18、邯 6172、烟农 19 等。二是高产与优质并重。这些主导品种在抗倒伏、耐寒、抗病等一方面或几方面有优势，使得种植该品种时产量与质量能尽量兼顾，如郑麦9023、济麦22等。三是生产高效。不同的主导品种能适应不同地区的土地肥力水平和灌溉条件，可以在一定程度上节约相应的管理投入，利于环境友好和生产高效，如石家庄8号、百农AK58、皖麦50等。

表4-4　　　　　　　　黄淮海地区小麦主导品种

年份	主导品种
2006	郑麦9023、新麦18、济麦20、烟农19、邯61712、石家庄8号
2008	郑麦9023、新麦18、周麦18、烟农19、济麦20、邯6172、石家庄8号、皖麦50
2009	郑麦9023、周麦18、百农AK58、烟农19、济麦20、皖麦50、淮麦20、邯61712、石家庄8号
2011	百农AK58、济麦22、郑麦9023、西农979、郑麦366、周麦22号、皖麦52号、周麦18、师栾02-1、烟农19、邯6172
2012	济麦22、百农AK58、西农979、郑麦366、周麦22号、烟农19、邯6172、皖麦52号、烟农21、新麦26、石麦15
2014	济麦22、百农AK58、西农979、郑麦366、周麦22号、烟农19、邯6172、烟农21、新麦26、石麦15、郑麦7698、衡观35、良星66、淮麦22
2016	济麦22、百农AK58、西农979、洛麦23、周麦22、安农0711、鲁原502、山农20、运旱20410、石麦15、郑麦7698、衡观35、良星66、淮麦22

资料来源：农业农村部网站。

 4.4
黄淮海地区小麦品质情况分析

黄淮海地区小麦品质整体较差。对2010~2016年《中国小麦

质量报告》中黄淮海地区的小麦品质指标进行分析，发现黄淮海
地区各区域小麦籽粒粗蛋白含量呈波动式下降（见图 4 – 2）。
2010 ~ 2016 年，华北北部强筋麦区籽粒粗蛋白含量由 14.63%
下降至 13.68%，黄淮北部强筋、中筋麦区籽粒粗蛋白含量由
14.22% 下降至 13.73%，黄淮南部中筋麦区由 14.12% 下降至
13.01%，总体质量表现为中筋水平，存在"强筋不强"的问
题。而面粉湿面筋含量等面粉质量指标，各区域小麦表现出平
均湿面筋含量不稳定、面团稳定时间短且波动较大等问题（见
图 4 – 3、图 4 – 4），且品种间变异较大，小麦的整体质量水平
不高。

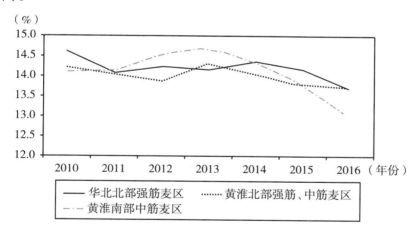

**图 4 – 2　2010 ~ 2016 年黄淮海地区小麦籽粒
粗蛋白含量平均值**

　　黄淮海地区优质强筋小麦品质较差。《2017 年中国小麦质量
报告》显示，在检测的 133 份强筋小麦样品中，达到国家优质强

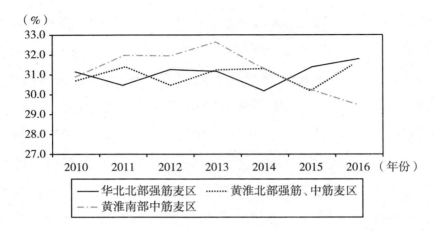

**图 4 – 3 2010 ～ 2016 年黄淮海地区
小麦面粉湿面筋含量平均值**

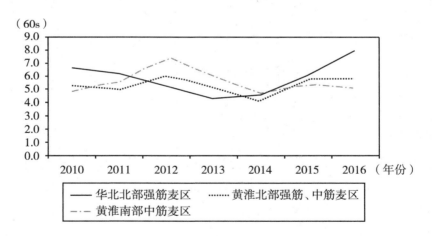

**图 4 – 4 2010 ～ 2016 年黄淮海地区
小麦面团稳定时间平均值**

筋标准的样品仅有 24 份，占检测总数 18. 05%；同时，强筋小麦整体的平均沉淀指数低，烘焙或蒸煮质量指标评价不高。

4.5 本章小结

本章对黄淮海地区小麦生产及育种情况进行了梳理，分析了进入 21 世纪以来黄淮海地区小麦品种发展的背景，并对该区小麦主导品种进行分析。

黄淮海地区小麦生产在我国小麦生产中占有重要地位，在播种面积、总产、单产等方面优势显著。该区小麦播种面积占全国 50% 以上，产量占全国的 60% 以上，小麦单产远高于全国平均水平，是我国最大的冬小麦主产区。同时该区生态条件优越，适宜种植中筋小麦和强筋小麦，是我国的中、强筋小麦生产基地。

黄淮海地区的小麦育种经历了四个阶段，分别是以抗病稳产为目标、以矮化高产为目标、以多抗广适为目标和以优质高效为目标。该区小麦的育种发展是以市场为导向，随着居民饮食结构的升级和对健康、优质食品的追求，实现了从产量到质量的转变。在此过程中，科研单位和种子公司均做出了巨大贡献。

黄淮海地区小麦品种发展优势显著，从生态条件、补贴政策到种子市场发展等方面，都显示出该区优质小麦生产和小麦产业化发展潜力巨大。粮食补贴政策的实施和改变，促进了黄淮海地区小麦的良种推广和规模化经营。随着居民饮食结构的升级，以及对小麦加工质量要求的提升，小麦品质及品种的需求不断增长，市场上优质强筋、中强筋小麦以及优质专用小麦的需求仍然较大。从 2006 年至 2016 年农业部发布的小麦主导品种也可以看出，21世纪以来，黄淮海地区主要推广产量与质量并存，更注重优质高效的小麦优良品种。但实际中本地区的小麦品质特别是强筋小麦品质整体较差。

第5章

黄淮海地区农户小麦品种选择分析

5.1 农户小麦品种选择调研基本情况

5.1.1 数据来源

本书所用数据分为两部分：一部分为课题组在 2007 年 10 月至 11 月期间，根据随机原则在山东、河南和河北三省的 8 个县进行实地调研所得数据；另一部分为课题组于 2017 年 8 月至 10 月期间，对 2007 年的调研地点进行重访所获得的数据。

2017 年的二次调研对 2007 年调研的 6 个县 53.65% 的农户进行了重访。未重访的 2 个县为河北省石家庄市的平山县和灵寿县，两县地貌繁杂，多为山丘地形，随着农业供给侧结构性改革的推进以及绿色生产的推广，基本不再种植耗水型的小麦，改种耐旱耐干的果树等经济作物，所以 2017 年课题组未调研两县，而是在石家庄就近选取了藁城区和深泽县进行调研。

在 6 个重访县中，未能重访的原因分别是：外出打工不在家的占 31.3%；有 27.7% 的农户不再种植小麦；全家迁出、死亡或该户不存在的占 24.8%；还有 16.2% 的农户因各种临时事由暂时不在。对于未能重访的农户，课题组选取 2007 年调查户的宅基地或者耕地毗邻户，以便于增加调研农户前后的相似度。

2007 年共回收调研问卷 326 份，其中有效问卷 319 份，有效率 97.85%；2017 年共回收调研问卷 318 份，其中有效问卷 308 份，有效率 96.86%。具体情况如表 5 - 1 所示。

表 5 - 1　　　　　　　　　调研问卷统计

地区		2007 年有效问卷数	2017 年发放问卷数	重访数	2017 年有效问卷数	2017 年有效率（%）
河北省	深泽县	—	44	0	43	97.73
	藁城区	—	41	0	41	100.00
	平山县	43	—	—	—	—
	灵寿县	43	—	—	—	—
	青县	40	45	24	42	93.33
山东省	莱西市	43	37	17	36	97.30
	莱阳市	45	49	8	43	87.76
河南省	沈丘县	20	20	14	20	100.00
	太康县	37	39	27	35	89.74
	淮阳县	48	43	35	42	97.67
总计		319	318	125	308	96.86

资料来源：根据 2007 年及 2017 年调研数据整理。

从表 5 - 1 中可以看出，河南省重访率较高，山东省重访率最低，河北省小麦种植区域有一定变化。在 2017 年的回访调研中，河南省重访率达 72.38%，是三省中最高的。河南是小麦生产大省，其小麦的播种面积和产量均位于全国第一。近年来，河南省认真贯彻落实中央 1 号文件精神，狠抓粮食生产，大力培育推广优质强筋小麦和弱筋小麦，不断推进优质专用小麦的发展，小麦产业优势明显，发展迅速。政府各级部门通过落实和实施一系列惠农政策，使粮食生产的基础设施建设、财政金融政策支持等方面得到加强，因此农户种粮积极性相对较高，调研重访率也较高。山东省重访率最低，仅有 28.41%。研究显示，一是由于改革开放以来山东省粮食作物播种面积及占比呈缓慢下降趋势，而经济作物播种面积和占比则持续上升，特别是山东沿海地区的农作物种植结构由以粮食作物为主转变为以粮食作物和经济作物为主的二元结构，部分农户不再种植小麦，转而种植其他效益更高的经济作物，如水果和蔬菜。二是山东省经济发展水平较高，特别是沿海地区第二、第三产业发展迅速，城市规模不断扩大，且交通比较便利，旅游业发达，部分农户选择外出打工，所以山东整体重访率较低。调研还发现，河北省小麦种植区域有一定变化。石家庄市平山县和灵寿县是典型的山区农业大县，发展特色种植业具有得天独厚的优势。随着农业供给侧结构性改革的推进以及绿色生产的推广，两县大力调整优化农业结构，发展特色作物种植，基本不再种植小麦，改而大力发展设施蔬菜、食用菌、鲜果、马铃薯、小杂粮、中药材等特色农业产业。

5.1.2 问卷内容

2007年与2017年的调研问卷均分为农户（家庭）基本情况、农户生产种植基本信息、农户小麦品种选择情况及品种退出意愿调查。第一部分为农户基本情况调查，包含农业生产者基本信息、家庭基本情况和家庭收入构成等问题；第二部分是生产种植基本信息调查，包含农户耕地面积、粮食种植情况、农作物生产各环节投入情况及生产收入等要素；第三部分为小麦品种选择情况，包含农户购种情况、农户对品种态度方面的了解、农户对新品种的选择意愿、补贴政策了解程度等要素；第四部分为品种退出意愿调查，包括农户对《种子法》的了解程度和对市场上各类小麦品种的了解程度等。

5.1.3 农户基本特征

2007年与2017年调研样本的基本特征对比如表5-2所示。

表 5-2 调研样本基本特征对比

基本特征	2007 年				2017 年				差距
	均值	标准差	最小值	最大值	均值	标准差	最小值	最大值	
年龄（岁）	49.47	10.16	22	77	56.79	10.34	24	80	7.31 ***

续表

基本特征	2007 年				2017 年				差距
	均值	标准差	最小值	最大值	均值	标准差	最小值	最大值	
家庭规模(人)	4.53	1.69	1	12	3.88	1.7	1	11	-0.65 **
女性占比(%)	8.78	0.28	0	1	17.83	0.38	0	1	0.09 ***
受教育程度（年）	8.28	1.31	0	15	7.88	1.62	0	15	-0.40

　　注：**、***分别表示在5%、1%的水平上显著。
　　资料来源：根据2007年及2017年调研数据整理。

　　黄淮海地区农户年龄越来越大。如表5－2所示，2007年调研农户平均年龄为49.47岁，2017年调研农户平均年龄为56.79岁。2017年农户年龄平均比2017年大7.32岁，一方面说明调研地区农民老龄化，同时年轻人从事农业生产的人数较少；另一方面考虑到有部分样本为重访农户，因此农户年龄可能相对较大。年龄大的农户可能更倾向于相信自己的经验，或者由于自身限制获取信息相对滞后，因此对品种更换持否定态度。

　　农户家庭规模越来越小。如表5－2所示，2007年调研农户家庭规模为4.53人/户，其中农业人口为4.27人/户；2017年调研农户家庭规模为3.88人/户，其中农业人口为2.08人/户，t检验结果显著。农户家庭规模变小，说明调研地区计划生育政策执行比较到位，也说明以小农户为主的家庭经营仍是中国农业经营的主要形式。农户农业人口明显减少，说明调研区域农户家庭中青壮年劳动力大都外出打工，不再从事农业生产，这对农户小麦品种选择上的影响尚不能确定。

农业生产中女性参与度越来越高。如表 5 - 2 所示，2007 年调研农户中生产决策者为男性的占 91.22%，女性仅占 8.78%；在 2017 年对农户进行调研中，生产决策者中男性占 82.17%，女性占 17.83%。2017 年女性生产决策者占比提高 9%，t 检验结果显著。一方面说明农村的农业生产中主要还是由男性做出决策；另一方面说明有部分家庭男性外出打工，女性留在家中从事农业生产，女性在农业生产中的参与度越来越高。

黄淮海地区农户受教育水平变化不大，仍处于较低水平。如表 5 - 2 所示，2007 年与 2017 年调研农户中，农户生产决策者的文化程度均比较低，平均受教育年限约为 8 年，受教育水平为初中水平，大部分农户没有完成九年义务教育。2007 年调研中大专及以上文化程度的农户占 1.57%，2017 年占 1.82%，说明受过高等教育的 "80 后" 及 "90 后" 不愿留在农村。大部分农户受教育水平偏低，他们的接受能力相对较弱，对新品种、新技术的选择可能性会降低，不利于我国农业现代化、农民职业化的发展。

5.2 农户小麦品种选择情况的描述性分析

5.2.1 农户种植基本特征

2007 年与 2017 年调研样本的种植基本特征对比如表 5 - 3 所示。

表 5 - 3　　　　　　　　**调研样本种植基本特征对比**

种植基本特征	2007 年				2017 年				差距
	均值	标准差	最小值	最大值	均值	标准差	最小值	最大值	
小麦种植面积（亩）	4.08	2.78	0	36.00	5.71	4.08	0	28.00	1.75 ***
小麦单产（斤/亩）	772.97	212.38	0	1200.00	817.74	251.06	0	1333.00	44.78 **
销售价格（元/斤）	0.46	0.34	0	0.80	1.12	0.10	0.70	1.70	0.66 ***

注：** 、*** 分别表示在 5% 、1% 的水平上显著。
资料来源：根据 2007 年及 2017 年调研数据整理。

　　黄淮海地区农户小麦种植规模扩大。如表 5 - 3 所示，2007 年调研农户小麦种植面积平均为 4.08 亩，2017 年农户小麦种植面积比 2007 年多 1.63 亩，平均为 5.71 亩，说明调研区域农户小麦种植面积有所扩大，已经有少量的土地流转行为，但仍是以小农户种植为主。根据农户行为理论，种植面积有可能影响农户的品种选择行为，一般来说，种植规模大的农户，其风险意识可能会更强，对新品种的采用就更谨慎。

　　小麦单产水平、销售价格均有提高。如表 5 - 3 所示，2007 年调研时农户小麦单产平均为 772.97 斤/亩，2017 年小麦单产比 2007 年高 44.77 斤/亩，平均为 817.74 斤/亩。10 年间小麦单位面积产量水平提升 6% ，说明科技进步和生产条件改善继续发挥着重要作用。2007 年农户小麦销售价格平均 0.46 元/斤，2017 年为 1.12 元/斤，可见 10 年间小麦价格大幅提升，种植小麦的收入明显提高。但从调研农户家庭农业人口减少这一现象来看，说明农业生产的比较效益仍旧较低，所以很多农村的年轻人选择外出打工赚钱，而不是从事农业生产。

河南、河北和山东三省农户的家庭规模和种植特征存在一定区别。如表5-4所示，对三省调研农户的基本特征进行对比可以发现，从家庭规模来看，山东农户的家庭规模最小，平均每户3.53人；河北农户为4.22人/户；河南农户平均家庭规模为4.74人，是三省中最大的。小麦种植面积与家庭规模情况基本一致，山东农户种植小麦面积最小，为3.83亩/户；河南农户平均小麦种植面积5.76亩，显著高于其他两省。三省的调研样本中，河南农户种植小麦新品种的比例最高，占79.65%；河北农户选择新品种的比例最低，仅占46.11%。结合2017年调研情况，河北藁城农户种植的小麦种子为村集体统一供种，品种均为藁优2018，已持续5年以上，因此河北农户的新品种选择比例较低。河南、河北和山东三省调研农户受教育水平差距不大，均为初中水平。说明调研地区农户受教育程度普遍偏低，年轻人不愿意留在农村从事农业生产。

表5-4　　　　　　　　　三省农户基本特征对比

农户基本特征	山东	河北	河南
受教育程度（年）	8.16	8.31	7.60
家庭规模（人）	3.53	4.22	4.74
小麦种植面积（亩）	3.83	4.53	5.76
是否种植新品种（%）	62.20	46.11	79.65

资料来源：根据2007年及2017年调研数据整理。

2007 年与 2017 年相比，黄淮海地区农户的生产信息来源变化不大，农户主要依据自身经验和农资销售部门获取生产信息。对农户农业生产指导信息的来源进行对比（见图 5 - 1），发现 2007 年与 2017 年相比，农户主要信息来源基本不变，仍然有超过半数的农户按照自己的生产经验进行农业生产，超过 30% 的农户会根据农资（种子、化肥、农药）销售门店的信息来种植管理小麦。另外，2017 年农户从电视、广播等媒体处获取生产信息的比例比 2007 年提高了 6%。说明黄淮海地区农户农业生产中还是以自身经验为主，种植过程中相关管理技术不够专业和重视。

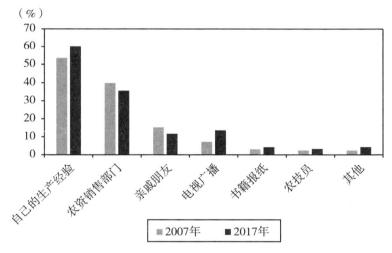

图 5 - 1　农户生产信息来源

2017 年农户与农技人员接触次数比 2007 年增多，但仍处于较低水平。如表 5 - 5 所示，2007 年调研农户平均主动咨询农技人员次数以及农技员来访次数为 0.23 次，2017 年提高了 0.46 次，农户与农技员接触次数为 0.69 次，t 检验结果显著。说明基层农技推广部门的推广力度有所增加，农户得到的农业生产指导略有增多，这也与图 5 – 1 显示的情况基本一致。调研中还发现，有少数农户会主动向农技人员或农业类科研机构咨询生产种植中遇到的问题，这类农户基本上是种植大户，且自身比较年轻，容易接受新技术并可以将其应用到实际生产中。但整体来看，每户平均每年得到农技指导不足一次，说明黄淮海地区当前的农业技术推广普及力度仍然不足，农户对新技术、新品种、新的栽培管理模式掌握有限，阻碍了农业技术转化为农业生产力的进程，在一定程度上会限制生产水平的提高。

表 5 – 5　　　　　　　　农户与农技人员接触次数对比

	2007 年				2017 年				差距
	均值	标准差	最小值	最大值	均值	标准差	最小值	最大值	
农户与农技人员接触次数	0.23	0.76	0	8	0.69	1.15	0	10	0.46***

注：*** 表示在 1% 的水平上显著。
资料来源：根据 2007 年及 2017 年调研数据整理。

调研发现，黄淮海地区农户种植的小麦品种与黄淮海地区主导品种大致一致，并且高产和适应各地气候一直是农户种植小麦品种的主要性状。根据 2007 年和 2017 年对黄淮海地区农户种植小麦品种的调研情况可知（见表 5 – 6），一方面，高产始终是农户种植小麦品种的主要性状，农户种植小麦是为了卖

出获得经济收入，小麦产量的高低直接影响其收入水平，因此
农户更倾向种植高产的品种。另一方面，适应各地区气候也是
农户种植品种的重要性状，这也符合农业技术创新扩散理论中
技术扩散受区域差异性的影响结论。例如，河北省青县为旱地
且土地盐碱化，所以农户一直种植抗旱节水、耐盐碱的小麦品
种；河南省沈丘县、太康县易倒春寒，故抗寒性一直是农户选
择小麦品种的因素之一。黄淮海地区气候不稳且多发条锈病、
秆锈病、白粉病，近年来赤霉病也有向北扩散加重的趋势，因
此农户更倾向种植抗病性高的小麦品种。

表 5-6　　　　2007 年与 2017 年农户主要种植品种对比

地区		2007 年		2017 年	
		主要种植品种	特点	主要种植品种	特点
河北省	深泽县			济麦 22、济麦 19、婴泊 700、良星 66	高产、优质、广适、抗病
	藁城区			藁优 2018	高产、优质、强筋、节水、抗病
	平山县	周麦 19、河麦 1 号、太空 6 号	高产、优质、抗病、抗寒、抗倒		
	灵寿县	周麦 19、河麦 1 号	高产、优质、抗病		
	青县	沧麦 6002、农大 211、石家庄 8 号、石麦 14、石麦 15	稳产、抗旱节水、耐盐碱	沧麦 6002、沧麦 6004、济麦 22、衡 0816、衡 0628	稳产、抗旱节水、耐盐碱

续表

地区		2007 年		2017 年	
		主要种植品种	特点	主要种植品种	特点
山东省	莱阳市	鲁麦 21、烟农 24	高产、优质、广适、抗病、抗倒伏	烟农 24、鲁麦 21、鲁原 502	高产、优质、广适、抗病、抗倒伏
	莱西市	烟农 23、多丰 2000	高产、广适、抗倒伏	济南 13	高产、抗寒、抗旱、抗病
河南省	太康县	周麦 20、周麦 16、周麦 17、周麦 18、郑麦 9023、新麦 18	高产、抗病、抗倒伏	矮抗 58、洛麦 1 号、洛麦 26 号、丰德存 1 号、周麦 27、周麦 26、周麦 28、百农 207、郑麦 0856	高产、优质、抗病、抗倒伏
	沈丘县	众麦 1 号、众麦 2 号、周麦 19	高产、抗倒伏、抗寒	丰德存 1 号、众麦 1 号、周麦 18、周麦 22、周麦 27、平安 11、豫麦 58、洛麦 7 号	高产、优质、抗倒伏、抗寒、抗病
	淮阳县	新麦 18、众麦 1 号、众麦 2 号、周麦 18、周麦 19	高产、优质、抗倒伏、抗寒、抗病	众麦 1 号、周麦 8、周麦 18、周麦 22、周麦 23、周麦 27、周麦 28、周麦 32、存麦 11、百农 207	高产、优质、抗倒伏、抗旱、抗寒、抗病

资料来源：根据 2007 年及 2017 年调研数据整理。

相比 2007 年，2017 年农户种植小麦品种有两个变化：一是更加多样化；二是优质小麦品种略有增加。从表 5-6 可以看出农户种植的品种更多样化，说明小麦种子的可获得性提高了，农户能很容易买到需要的品种。但现在一个村子种植的小麦品种就有10 种以上，甚至有一户种植 2 ~ 3 个品种的现象，造成小麦品种"插花"种植，这会导致机械混杂和生物学混杂，引起品种混乱、天然杂交、品种退化等问题，也不利于各品种间规模化种植和单打单收。另一个重要的变化是农户种植优质小麦品种增加，说明农户对小麦品质的意识逐渐增强，但 2017 年调研农户种植强筋小麦品种数仅占总种植品种数的 8.82%，强筋小麦品种虽有所增加，但仍处于较低的比例。

调研还发现，不同地区的农户购种方式不同。河南省和河北省深泽县、青县的农户均为自行选购种子，购买的品种由农户自己决定；山东省和河北省藁城区的农户为村集体购种，品种由村集体决定。其中，山东省的种子统一定价，河北省藁城区的种子村免费发放，这在一定程度上会影响农户对品种的选择。

山东自 2004 年实施小麦良种补贴政策以来，就以区（县）为单位实行小麦统一供种，农业部门先帮助农民筛选出既适合本地种植，又高产、优质的小麦品种，然后通过政府统一采购，确定供种服务的组织和小麦种子价格。这样的方式一直持续到农业补贴"三补合一"后仍在继续实行。这对促进小麦生产具有积极作用。第一，统一供种使有限的资金发挥了更大的效益；第二，有利于强化"统"的功能，统一供种可以更好地把小麦统一整地、统一品种、统一播期、统一播量和统一机械收获时间有机地结合起来，做到一村一品，区域化种植；第三，有利于小麦品种和良种良法配套技术的推广应用，针对当选品种研究并提出配套的高产优质栽培技术和无公害生产技术，指导农民做到因地用种、科学用种。

5.2.2　农户品种选择情况

2017 年农户选择新品种的比例比 2007 年有明显提高。如表 5 – 7 所示，2007 年调研农户选择小麦新品种的比例为 52.38%，2017 年农户选择新品种的比例比 2007 高出 24.49%，占 76.87%，t 检验差异显著。说明黄淮海地区农户对新品种的认可度有很大提升，更换品种的积极性、主动性也有显著提高。

表 5 –7　　　　　　　　农户是否种植新品种对比

	2007 年				2017 年				差距
	均值	标准差	最小值	最大值	均值	标准差	最小值	最大值	
种植新品种比例	0.524	0.5	0	1	0.769	0.42	0	1	24.48***

注：*** 表示在 1% 的水平上显著。
资料来源：根据 2007 年及 2017 年调研数据整理。

增产一直是黄淮海地区农户选择新品种的主要原因，且 2017 年农户对提高小麦质量这一因素的关注度上升。由图 5 – 2 可看出，2007 年与 2017 年农户认为新品种能增加产量的比例最高，对农户而言，种植小麦是以经济收入为目标，希望增加产量来提高收入，因此时隔 10 年，农户仍然最看重小麦的产量表现和利润收益。2007 年与 2017 年农户因为价格选择新品种的比例最低，说明对绝大部分的农户而言，可能不会因为新种子的便宜或者昂贵而放弃更换品种，种子的价格并不是需要考虑的重要因素。另外，从 2007 年到 2017 年，农户选择新品种原因的一大变化就是农户更多地关注于新品种能提高小麦的质量和品质，说明已经有更多的农户意识到优质小麦可以提高销售价格。

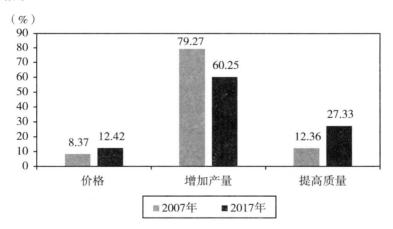

图 5 - 2　农户选择新品种的原因

农户认为提高小麦产量最重要的因素是良种和肥料，对相关配套技术关注不够。如图 5 - 3 所示，首先，2007 年与 2017 年农户均认为良种是提高小麦产量最重要的原因，2007 年占 50.51%，2017 年占 46.62%，由此可见农户对良种在提高小麦产量中的重要作用已经有了比较充分的认识。其次，农户认为肥料也是提高产量的重要因素之一，从2007年到2017年农户的观点变化幅度很小，仅增加了1.73%。最后，受生活环境影响，以及当前农业老龄化问题严重，农户习惯于按经验种植，接受水平相对较弱，因此仅有小部分农户会关注小麦种植的相关配套技术，这也说明当前小麦良种良法配套技术并未得到有效推广。

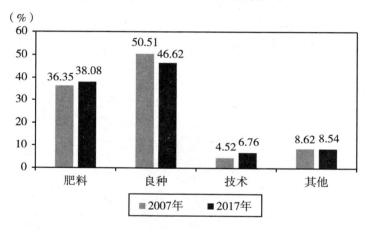

图5-3 提高小麦产量的原因

每年购买新种子的农户比例大幅提高。如图5-4所示，对于农户购买种子的频率，2017年每年都买新种子的农户占80.19%，比2007年提高28.72%。说明大部分农户已经意识到自留种管理麻烦，而且会产生作物长势不均、产量退化等问题，因此放弃留种，选择每年都购买新种子。另外，这也说明在种子市场高度商业化的现在，种子的可获得性提高，农户购买种子更加方便，因此农户自留种的现象明显减少。

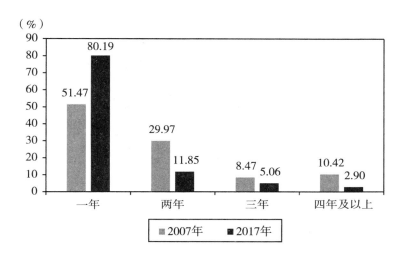

图 5-4　种子购买情况

　　2017 年，黄淮海地区种子来源主要为农户自行购买和村统一购买两种方式。如图 5-5 所示，2017 年的调研农户中有 45.45% 选择自行购买种子，这部分人基本都是从种子销售门店购买。也有几个村子采用统一采购的方式给村民买种，如山东的莱阳、莱西，河北的藁城。传统的自留、换种方式也依旧存在，占 19.81% 。且有农户采取部分种子买新的，部分种子自留的方式，分块种植，认为这样比较省钱。但是从经济层面分析，每亩小麦种子成本不到 80 元，如用二代种播种，产量减少 10% ，约 80 斤，按调研统计平均收购价 1.12 元/斤计算，收益减少约 90 元。所以从数据来看，买新种子所获得的收益更高。

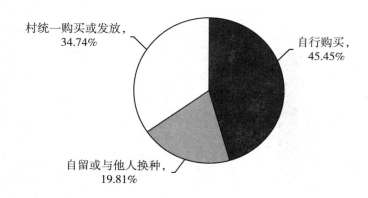

图 5 - 5　2017 年农户种子来源

农户种植单一小麦品种的比例下降，河南最为明显。2017 年调研农户中种植一个小麦品种的占 64.94%，比 2007 年少 7.7%（见图 5 - 6），说明 2017 年有 30% 以上的农户选择种植多个小麦品种。其中，河南农户种植一个小麦品种的比例最低，仅为 27.08%，比 2007 年少 24.77%（见图 5 - 7）。大部分的河南农户均种植了两个及以上的小麦品种。利用农业技术创新扩散理论解释，农户对小麦新品种采取谨慎态度，在选择品种时先进行小规模的试种，观察结果并掌握该品种特性后决定是否采用，或者是为了规避风险，所以每次种植均通过多个品种组合的方式来分散风险。这也是"理性小农"的证明。

但是，农户种植多个小麦品种的行为虽说在一定程度上降低了农业生产的风险，但也造成种植品种过多，各类型小麦"插花"种植的现象。黄淮海地区大部分农户种植规模不大，不同的小麦品种无法区分，相互混杂，不能实现单打单收，会造成混收

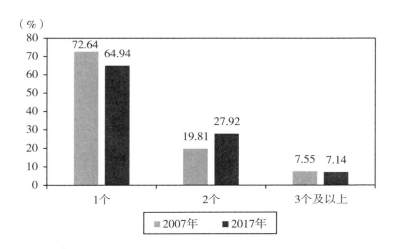

图 5 - 6　农户种植小麦品种数量

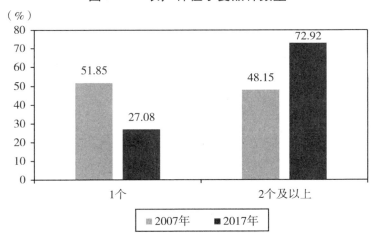

图 5 - 7　河南农户种植小麦品种数量

混储，影响小麦品质的一致性和稳定性；在收购时无法区分，不能实现优质优价，也会影响优质小麦种植户的效益，挫伤农户种植优质小麦的积极性。

　　农户认为种植小麦新品种会增加收益的比例提高。2007年调研农户认为新品种会增加收益的占3.57%，2017年认为新品种会增加收益的比2007年高78.78%，占82.35%，农户态度差异较明显（见表5-8），说明新品种在产量或售价上有明显优势这一点被大多数农户接受。作为理性的生产者，利润最大化是农户之所以更换品种的原因，因此，选择小麦新品种能否对其增加收入有帮助会直接影响农户的选择。

表5-8　　　　　　　　　　　　　品种认知情况

项目	2007年				2017年				差距
	均值	标准差	最小值	最大值	均值	标准差	最小值	最大值	
认为种植新品种会增加收益的比例	0.0357	0.19	0	1	0.824	0.38	0	1	78.78***
担心新品种有风险的比例	0.672	0.47	0	1	0.587	0.49	0	1	8.46

　　注：*** 表示在1%的水平上显著。
　　资料来源：根据2007年及2017年调研数据整理。

　　农户对于新品种是否有风险的认识变化不大。2007年调研农户担心使用新品种会有风险的占67.19%，2017农户担心使用新品种会有风险的占58.74%，t检验差异不显著（见表5-8），表明农户对新品种是否有风险的态度变化不大，依旧有超过半数的农户认为种植新品种会有风险。上文对农户种植小麦品种数量的分析中也提到，农户会谨慎选择小麦新品种，为了规避可能存在的风险，他们可能降低采用新品种的可能性。

5.3 本章小结

本章描述性分析了本书所使用的 2007 年和 2017 年调查数据的情况，分别从调研农户基本特征、调研农户种植基本特征以及农户品种选择情况三个方面进行描述性分析。

从农户基本特征来看。首先，与 2007 年相比，2017 年调研地区农户年龄偏大。一方面是因为农业生产老龄化趋势明显；另一方面是部分为重访农户，因此年龄偏大。其次，2017 年农户家庭农业人口明显减少、生产决策者中女性占比增加以及农户受教育程度基本不变，这些现象均可以相互印证，说明黄淮海地区农村青壮年劳动力和受过高等教育的人才流失严重，不再从事农业生产。年龄偏大、受教育程度低可能导致农户选择小麦品种的行为趋于保守，也对我国农业现代化、农民职业化的道路有很大不利影响。

从农户的种植基本情况来看。第一，2017 年调研农户小麦种植面积平均比 2007 年高 1.63 亩，黄淮海地区已经发展出一定程度的规模经营，但仍以小农户种植为主，种植面积可能对农户新品种选择有负向影响。第二，10 年来小麦的单产和售价有明显提高，但农业生产比较效益依旧较低。第三，河南、河北和山东三省间农户的种植基本特征有明显不同，河南农户在家庭规模、小麦种植面积和新品种选择比例方面均大于山东和河北的农户。第四，农户生产信息来源方面变动不大，主要依据自身经验和农资销售单位获取生产信息，且黄淮海地区农业技术的推广普及力度仍然不足。第五，从农户种植的小麦品种可以看出：首先，高产一直是农户种植小麦品种的主要性状；其次，强筋小麦品种的种植比例一直偏低；最后，与 2007 年相比，2017 年农户种植的小麦品种更加多样化，这可能会导致小麦收购环节混收混储，不利于小麦整体品质的统一，进而影响下一步的加工。

从农户品种选择情况看。第一，2017 年农户选择新品种的比例明显增大。第二，2007 年和 2017 年农户选择新品种的主要原因均是为了增加产量，2017 年为提高小麦质量而选择新品种的农户比例增加，这部分农户目的是提高小麦质量从而提高售价，因此农户的品种选择还是为了追求收益。第三，2007 年与 2017 年农户都认为良种以及肥料是小麦增产的主要原因。第四，2017 年种子市场更加商业化，与 2007 年相比每年都购买新种子的农户增多，但也有少数自留、换种的情况存在，但从经济层面分析，自留种子并没有农户想象的省钱，反而降低了收益。第五，2017 年农户种植多个小麦品种的行为增多，可能影响整个小麦产业的发展。第六，农户作为生产者，收益预期和风险意识可能影响对品种的选择。

第**6**章

农户小麦新品种选择
影响因素实证分析

影响农户新品种选择的 Logit 分析

为了进一步分析影响农户选择新品种的因素，本章在描述性统计分析的基础上，采用二元 Logit 模型对调查数据进行回归，明确影响黄淮海地区农户是否选择新品种的因素。本章所用到的统计软件为 STATA 14.0。

6.1.1　模型建立及相关变量选取

根据前人的研究经验，本章选择采用二元 Logit 模型进行实证分析，明确可能对农户小麦新品种选择行为有影响的相关因素，模型方程表达如下：

$$y = \mathrm{Ln} \frac{p}{(1-p)} = \alpha_0 + \alpha_1 X_1 + \alpha_2 X_2 + \cdots + \alpha_n X_n + \mu$$

其中，y 为农户选用小麦新品种发生概率的自然对数值，p 为农户选用小麦新品种的发生概率，$X_i(i=1，2，3，\cdots，n)$ 为各影响因素即解释变量，t 是时间变量，α_0 是常数项，α_i 是待估计系数。

本章的被解释变量是调研地区农户 2007 年和 2017 年选用小麦新品种发生概率的自然对数，解释变量包括农户的基本特征、种植特征、品种认知程度、农户风险意识、种子可获得性、农技人员指导次数和时间等因素。

在农户基本特征方面，主要选取了农业生产者的受教育程度（年限）和家庭规模两个变量。首先，一般来说受教育水平高的农户接受水平也较高，能较快地接受新事物并掌握新技术，因此这部分农户可能更容易认识到新品种的优势，所以受教育程度这一变量可能对农户选择新品种有正向的促进作用。其次，对于家庭规模，农户的家庭人口越多，对收入的期望就越高，对粮食的需求量也越高。因此，家庭规模大的农户可能更追求小麦的产量，更倾向选择新品种。

在小麦种植特征方面，本章选取的变量有小麦种植面积、新旧品种的价格对比、是否认为新品种能增加收益，以及农户与农技人员接触次数。在这四个变量中，农户种植小麦的面积越大可能越趋于保守，所以种植规模大的农户选用新品种的概率可能会降低。农户种植小麦的目的是为了获得收入，所以选择小麦新品种能否增加其收入对农户采用新品种将会有非常积极的影响。同时，成本也是农户考虑的因素，新种子价格高于原种子会增加农户成本，所以采用新品种的概率有可能下降，需要进一步验证。最后，农技人员指导次数越多可能使农户更容易接受新技术，所以更倾向于选择新品种。

农户对新品种特点特性的认知也有可能会决定其是否选择该新品种，农户只有对其特性有了解，认为该品种符合其种植目标或适宜当地气候才会进行选择。同时，农户的风险意识也比较强，小麦种子对其一年的经济收益有非常大的影响，尤其对于种植规模较大的农户而言。所以，有些农户可能更加谨慎，当认为采用新品种有较大风险时就不会选择该品种。种子的可获性对农户来说也是决定其是否采用新品种至关重要的关键因素。本县有新种子方便农户购买，可能会提高农户选择的可能性。

由第 5 章的分析可知，不同地区有不同的供种方式，也会影响农户对新品种的选择，因此将地区因素作为分组变量加入进来。本章使用的是 2007 年和 2017 年两年的调研数据，由第 5 章的分析也可以看出时间对农户新品种的选择有影响，因此，将时间因素也纳入解释变量。各变量的含义及预期影响方向如表 6 - 1 所示。

表 6 −1   模型的相关变量定义及预期方向

分类	名称	变量解释	预期方向
因变量	Y：是否使用小麦新品种	不选择 = 0，选择 = 1	
解释变量			
农户基本特征	X_1：受教育程度	实际值	正向
	X_2：家庭规模	实际值	不确定
农户种植特征	X_3：种植面积	实际值	负向
	X_4：新旧品种价格比较	低于原品种 = 1 不低于原品种 = 0	正向 负向
	X_5：与农技人员接触次数	实际值	正向
	X_6：是否会增加收益	增加 = 1 不增加 = 0	正向
认知程度	X_7：是否了解新品种特性	了解 = 1 不了解 = 0	正向
风险意识	X_8：是否担心采用新品种有风险	是 = 1 不是 = 0	负向
种子可获性	X_9：是否有新种子	是 = 1 不是 = 0	正向
时间变量	X_{10}：样本调研时间	2017 年 = 1 2007 年 = 0	正向
地区变量 （分组变量）	X_{11}：地区	山东 = 1（参照组） 河北 = 2 河南 = 3	不确定

　　表 6 − 2 为模型统计结果，从表中可以看出：调研农户采用小麦新品种的农户占 63.64%；样本地区户主平均受教育程度为初

中水平；平均家庭规模为 4.220 人；农户平均小麦种植面积为 4.834 亩；认为小麦新品种价格不低于原有品种的农户占绝大部分；认为选择新品种可能会增加收益的农户占 42.52%；有 78.75% 的农户了解其选择的小麦新品种的特性；有 63.31% 的农户认为采用新品种可能存在风险；55.6% 的农户认为本县每年都有新种子；平均每人与农技人员接触次数为 0.47 次。

表 6-2　　　　　小麦新品种选择模型变量基本统计结果

变量分类	变量名称	均值	标准差
因变量	Y：是否使用小麦新品种	0.636	0.481
解释变量			
农户基本特征	X_1：受教育程度	7.951	2.187
	X_2：家庭规模	4.220	1.724
农户种植特征	X_3：种植面积	4.834	3.563
	X_4：新旧品种价格比较	0.205	0.404
	X_5：与农技人员接触次数	0.472	1.304
	X_6：是否会增加收益	0.425	0.491
认知程度	X_7：是否了解新品种特性	0.788	0.410
风险意识	X_8：是否担心使用新品种有风险	0.633	0.482
种子可获性	X_9：是否有新种子	0.556	0.497
时间变量	X_{10}：样本调研时间	—	—
地区变量	X_{11}：地区	—	—

6.1.2　模型结果及分析

6.1.1 节列出了作者选取的认为会影响农户小麦新品种选择

行为的 11 个变量，并解释了各变量的定义，对预期影响进行判断。在对调研获得的 627 份数据进行整理后，运用 STATA 14.0 统计软件，使用稳健标准误进行 Logit 估计，得到的模型结果如表 6 - 3 所示。

表 6 - 3　　　　农户新品种选择影响因素的回归分析结果

变量分类	变量名称	估计系数	P 值	概率比
农户基本特征	X_1：受教育程度	0.184	0.135	1.203
	X_2：家庭规模	0.125*	0.068	1.133
农户种植特征	X_3：种植面积	-0.009	0.812	1.009
	X_4：新旧品种价格比较	0.182	0.500	1.199
	X_5：与农技人员接触次数	0.073	0.635	1.075
	X_6：是否会增加收益	0.300**	0.041	1.349
认知程度	X_7：是否了解新品种特性	0.0983	0.713	1.103
风险意识	X_8：是否担心使用新品种有风险	-0.437*	0.057	0.646
种子可获性	X_9：是否有新种子	0.840***	0.000	2.316
时间变量	X_{10}：样本调研时间（2017 年）	1.064***	0.006	2.899
地区变量	X_{11}：山东（参照组）			
	河北	-0.924***	0.001	0.398
	河南	0.634**	0.027	1.898
常数项	—	-0.981	0.05	0.375
样本数	627			
似然对数	-287.41628			
伪 R^2	0.1287			

注：*、**、***分别表示在 10%、5%、1%的水平上显著。

表 6 - 3 的回归结果显示，该模型在统计学上有意义，解释变量中有以下几个因素影响农户选择小麦新品种的行为，分别是时间因素、地区因素、当地的种子可获得性，以及农户预期收益、风险意识、家庭规模等，其他假设的解释变量对新品种的品种选择没有显著影响。

从时间来看，2017 年农户选择小麦新品种的概率比 2007 年大，且在 1% 的水平上显著。2017 年农户选择新品种的概率是 2007 年农户的 2.9 倍，说明随着时间的推移和大环境的影响，农户的接受水平和选择新品种的概率增加。

从地区来看，参照山东农户，河北和河南农户的选择行为并不相同。河南农户比山东农户采用新品种的概率更大，在 5% 的水平上显著，也就是说，河南农户选择小麦新品种的概率是山东农户的 1.89 倍。而河北农户与山东农户相比采用新品种的概率更小，且在 1% 的水平上显著，回归结果显示河北农户比山东农户选择小麦新品种的概率低 39%。在河南、河北、山东三省中，河南农户选择小麦新品种的概率是最高的。结合调研情况分析，河南农户均为自行购买种子，品种的选择权在自己手中，因此自主性较大，选择新品种的概率更大。山东和河北农户存在村集体统一购种的现象，农户的选择行为受村集体决定的影响，因此选择新品种的可能性更小。

从种子可获得性来看，本县有新种子的农户选择新品种的可能性较大，通过了 1% 的显著性水平检验。也就是说，在其他变量不变时，本县有新种子的农户选择新品种的概率是本县无新种子农户的 2.32 倍。这与预期方向相符，说明新种子越容易获得，农户越倾向选择新品种。

对于预期收益这一变量，当其他情况不变时，假如农户认为选择新品种能够增加他的收入，那会提高 34.9% 的概率去采纳新品种，且通过了 5% 的显著性水平检验。根据农户行为理论，农户是理性的生产者，追求的是利润最大化，因此，农户预期选择新品种可以增加收益会直接提高农户对该品种的采用率。

从农户风险意识来看，害怕风险对农户是否选择新品种有负向影响，也就是说如果农户觉得采用新品种可能有风险，将减少选择该品种的可能性，且在 10% 水平上显著。根据农业技术创新扩散理论，农户对新品种会有一个评估阶段，此时可能做出试用新品种的决定也可能会继续观察其他农户试用的结果。品种的选择关系着农户当年的收入，所以农户采用新品种通常都会很谨慎，当他们认为采用新品种存在风险时，会先采取观望态度。

从家庭规模来看，家庭人口数量是农户选择新品种的影响因素之一，且影响方向为正，在 10% 水平上显著。在一定程度上反映出随着家庭人数的增加，农户越倾向于选择新品种。结合"自给小农"学说，一般认为农户家庭人口数量越多，所期待的产出就越大，所以家庭规模更能刺激农户采用新品种。

模型的回归结果显示，其他因素对农户选择小麦新品种的行为没有显著影响，但影响方向与预期方向基本一致。农户受教育程度越高、与农技人员接触次数越多、了解新品种特性和新品种价格更低这几个因素，都会对农户小麦新品种的采用行为有正向影响。而小麦种植面积越大农户越谨慎，对农户选择品种行为有负向影响。

影响农户新品种选择的 DID 分析

在问卷中，有些与农户特征有关且无法观测到的变量有可能导致模型存在内生性，导致估计得到的参数不具备有效性，所以本章采用双重差分模型（difference-in-difference model，DID）进行进一步分析，明确农户选择新品种的影响因素。

6.2.1 模型建立

通过 DID 模型可以对研究对象（即农户）的事前差异进行有效控制，将真正的结果有效提取出来。模型基本方程如下：

$$Y_{it} = \beta_0 + \beta_1 T_{it} + \beta_2 Z_{it} + \beta_3 T_{it} Z_{it} + \beta_4 W_{it} + \mu_{it}$$

其中，Y 为被解释变量，即农户是否会选择新品种；T 代表时间的虚拟变量；Z 代表分组的虚拟变量；TZ 是时间虚拟变量与分组虚拟变量的交互项；W 为其他一系列的控制变量；i 等于 0 和 1 时分别代表对照组和处理组；t 等于 0 和 1 时分别代表基线和重访。DID 模型中各个参数的含义如表 6 - 4 所示。

表 6 - 4   **DID 模型中各个参数的含义**

项目	$T=0$　2007 年	$T=1$　2017 年	Difference
$Z=1$ 处理组	$\beta_0 + \beta_1$	$\beta_0 + \beta_1 + \beta_2 + \beta_3$	$\Delta Y_1 = \beta_2 + \beta_3$
$Z=0$ 对照组	β_0	$\beta_0 + \beta_2$	$\Delta Y_0 = \beta_2$
DID			$\Delta\Delta Y = \beta_3$

6.2.2　收益预期因素

　　将农户是否选择小麦新品种作为被解释变量，将农户认为新品种是否会增加收益作为虚拟变量进行回归，表 6 - 5 为 DID 估计结果。结果显示，农户认为选择新品种会增加其收益时，其选择小麦新品种的概率会提高，且在 5% 水平上显著。这与 6.1 节的结果一致，充分说明本结论的可靠性。农户种植小麦更换品种的目的是追求利润，一方面可能认为新品种会增加产量从而增加收益，另一方面认为新品种会增加小麦质量从而提高小麦售价进而增加收益，这些都会对农户选择新品种起到正向促进作用。

表 6 - 5   **预期收益因素的回归分析结果（DID 模型）**

结果	被解释变量	标准误	P 值
处理前			
对照组	0.530		
处理组	0.200		
差异	− 0.330 *	0.197	0.093

续表

结果	被解释变量	标准误	P 值
处理后			
对照组	0.609		
处理组	0.730		
差异	0.121	0.077	0.116
DID 估计量	0.452**	0.204	0.027

注：*、** 分别表示在 10%、5% 的水平上显著。

6.2.3 种子可获得性因素

将本县是否有新种子作为虚拟变量，农户是否选择新品种作为被解释变量进行回归，表 6-6 为 DID 估计结果。结果显示，本县有新种子会降低农户采用新品种的概率，且在 10% 的水平上显著。这与 6.1 节的结果完全相反。结合实际情况及"有限理性"理论分析，在良种补贴存在的阶段，政府引导农户选择新品种，农户更相信新品种的质量，因此本县有新种子会促进农户对新品种的选择。当前，种子产业完全市场化，每年均有大量小麦新品种进入市场，新品种的增多并不意味着农户有更多的选择，相反，由于信息不对称，面对繁多杂乱的小麦品种，农户会更加毫无头绪，实际上导致了农户良种可获得性的降低。农户为了降低风险，反而不会选择新品种，而是倾向于熟悉的成熟品种，或者种植试种过的相对次新的品种。因此，本县有新种子会降低农户选择新品种的概率。

表 6 – 6 种子可获得性影响因素的回归分析结果（DID 模型）

结果	被解释变量	标准误	P 值
处理前			
对照组	0.437		
处理组	0.626		
差异	0.189***	0.058	0.001
处理后			
对照组	0.671		
处理组	0.706		
差异	0.035	0.064	0.587
DID 估计量	− 0.154*	0.085	0.071

注：*、*** 分别表示在 10%、1% 的水平上显著。

6.3 本章小结

　　本章主要对影响农户选择小麦新品种的因素进行实证分析，首先应用二元 Logit 模型分析了农户基本特征及种植特征、品种认知程度、风险意识、农技人员指导次数、种子可获得性、地区、时间等因素对农户新品种选择行为的影响。结果显示，影响显著的因素有时间、地区、种子可获得性、农户预期收益、家庭规模和风险意识这几个方面。为了消除其他因素的影响，本章进一步采用 DID 模型进行分析，明确影响农户新品种选择的因素。

研究表明：第一，随着时间的推移和环境的影响，2017 年农户的接受水平和选择新品种的概率增加；第二，不同地区有不同的购种方式，使得农户对新品种选择的态度有极大不同；第三，种子可获得性的提高实际上导致了农户良种可获得性的降低，农户会选择熟悉的成熟品种，或者种植试种过的相对次新的品种，降低对新品种的选择；第四，认为新品种会增加收益对农户采用新种子有正向促进作用，预期收益确实会使农户更倾向选择新品种；第五，农户具有一定的风险意识，当认为新品种存在风险时会降低采纳新品种的可能性。

第 7 章

主要结论与对策建议

7.1 主要结论

本书在对农户选择行为研究文献进行梳理的基础之上，将影响农户小麦新品种选择行为的因素归类为农户基本特征及种植特征、品种认知程度、风险意识、农技人员指导次数、种子可获得性、地区、时间等因素。通过建立二元 Logit 回归模型进行实证分析，再用 DID 模型进一步检验，验证了上述影响因素对于农户小麦新品种选择行为影响的假设。

本书的主要结论如下。

第一，2017 年农户选择小麦新品种的概率高于 2007 年。说明随着时间的变化，黄淮海地区农户对新品种的认可度有很大提升，更换品种的积极性、主动性也显著提高。这对农业科技转化为农业生产力，促进农业高质高效发展有着重要的意义。

第二，农户的风险意识对农户小麦新品种选择行为有负向显著作用。当农户认为种植小麦新品种会存在风险时，可能会选择不更换品种，或采取种植多个品种的方式来分散风险，这会导致小麦"插花"种植现象严重，进而造成各品种、各类型小麦混收混储，影响小麦的整体质量，限制优质小麦的发展。

第三，预期收益是农户选择小麦品种的重要因素。农户更换品种的目的是增加收入，当农户认为选用新品种会增加收入时会直接提高对该品种的采用率。在此情况下，小麦产量和小麦售价的提高均可以增加农户收益，但由于当前收购环节很难做到优质优价，小麦的品质对售价的影响不大，因此农户种植小麦还是以高产为目标。

第四，种子可获得性越高，农户对小麦新品种的选择反而会降低。现在种子市场发展迅速，农户可选择的品种非常多，购买也更加方便，基本不存在买种难的问题。但种子市场信息不够对称，农户对新品种不够了解或认为新种子风险较高，反而降低了小麦良种的可获得性。因此，农户为了规避风险，往往采取次优选择，即选择成熟的品种进行种植。

第五，黄淮海地区农户选择小麦品种的行为有地域性区别。河北藁城地区村集体免费发种和山东地区村集体统一购种行为，对农户良种选择和小麦规模化种植有积极意义；河南地区农户更倾向于选用新品种，但分散小规模种植和"插花"种植现象普遍，不利于小麦品种结构的改进，影响收储环节的管理，进而限制小麦整体质量，影响小麦产业发展。

7.2 对策建议

第一，加强科技创新，加快优质小麦品种改良。充分利用国内外不同类型的优质小麦资源，发挥科研单位与种业公司不同主体的优势，通过常规育种与分子生物技术等先进技术相结合的方法，针对不同优质小麦生产优势区的自然条件和市场需求，加快适宜不同地区的优质小麦新品种的选育。同时，明确育种目标，从小麦育种方向和新品种审定方面，引导育种单位转向培育优质、高产、多抗和广适的小麦新品种。重点加快优质强筋小麦的育种和改良，改善黄淮海地区优质强筋小麦品种较少的局面。

第二，加强引导，强化示范推广工作。针对市场上种子销售渠道多样、种子品种繁多杂乱、农户选择毫无头绪的问题，政府部门应通过加强示范推广工作，引导农户合理选择品种。首先，应当充分利用相关政策，针对不同地区不同的生产条件及特点推广适合本地区的品种，引导农户能够因地制宜地选择适合当地种植的优质小麦品种。其次，基层农技推广机构应充分发挥作用，结合当前基层农技推广体系改革，扩大农技推广体系的覆盖面，不断引进人才提升基层农技人员的能力，并利用农业示范基地在新品种更换、良种使用方面做好推广和示范工作，加大良种的普及和使用，促进小麦品种的及时更新。

第三，发展适度规模经营，推动转变农业发展方式。针对黄淮海地区农户分散式小规模种植现象，为避免小麦各品种"插花"种植，政府部门应当积极引导鼓励发展多种形式的适度规模经营。包括：完善土地流转制度，充分发挥互联网大数据的作用，将土地确权登记与数据信息平台结合，引导规模化土地流转；加大适度规模经营的补贴力度，在农业补贴政策、农机化扶持政策、资金扶持方面进行政策倾斜；可以培育和提升新型农业经营主体，通过支持鼓励农业合作社、种粮大户和家庭农场等主体的发展，培养农业人才、扩大生产面积、引导规模经营、提升土地利用率，从而优化资源配置。

第四，提升服务，加强农业社会化服务体系建设。针对小麦种植主体无法准确辨别品种是否优良、害怕承担新品种带来的风险以及栽培管理技术落后等问题，政府、合作社、龙头企业应充分发挥其职能，共同建设和完善农业社会化服务体系。一方面，针对不同特点的种植主体，发展相适应的良种引进和推广服务，支持政府、村集体、合作社等主体通过统一订购等方式，向农户提供种子、化肥、农药等优质农资。另一方面，在粮食生产的各个环节上，拓宽服务内容，如加强农业气象预警，提高农民防范意识；全面推广全程机械化的生产环节外包模式，以机械化替代劳动力，从而提高生产效率，最终提升农业现代化水平。

第五，加强产销对接，完善优质优价机制。针对现在小麦收购"优质不优价"，影响农户种植优质小麦积极性的现象，政府应完善优质优价机制，引导粮食生产、收购、销售等方面良性发展。包括：坚持小麦最低收购价政策，保护农民的利益；加强小麦品质检测和管理工作，健全不同质量等级的小麦收购标准，加强小麦收购、检测、交易等环节的管理，引导小麦收购环节做到优质优价，从而提高农民种植优质小麦品种的积极性；完善粮食供销流通体系，引导面粉加工企业向小麦产区进行转移，鼓励农户与加工企业联合，推动订单生产，促进农民增收，进而推动小麦产业的发展。

第六，完善保险体系，提高监管力度。针对农户种植过程中为规避风险将小麦各品种组合种植的现象，政府应不断完善农业保险经营体系，加强农业保险监管力度，为小麦种植、生产保驾护航。一方面，要根据小农户和种粮大户等不同主体的需求，设计有针对性的农业保险，提升农业保险精细化服务水平，增强农户抵御自然风险的能力。另一方面，健全关于农业保险相关的法律法规，明确各主体间的权利义务范围及理赔权责，相关的主管部门应进一步加强对农业保险业务活动的统一监管，打击违法违规行为，保障体系健康发展。

附录

小麦生产品种选择意愿情况调研

省：_____ 县：_____ 乡：_____ 村：_____

被访者姓名：_____ 联系电话：_____ 调研员姓名：_____

联系方式：_____ 调查日期：_____

第一部分 家庭基本情况（W）

农户基本情况（A）

表1

个人编码	WAA 家庭成员姓名	WAB 性别 1=男 2=女	WAC 出生年份	WAD 受教育年限	WAE 种植年限	WAF 所属行业	WAG 是否乡村干部 1=是 2=否	WAH 是否党员 1=是 2=否	WAI 是否参加过农业技术培训 1=是 2=否	WAJ 家中是否有人参加过非农培训 1=是 2=否
1（户主）										
2										
3										
4										
5										
6										

行业代码：1=工业；2=建筑业；3=交通运输业；4=商业零售批发；5=服务业；6=文教卫生；7=其他

表2　　　　　2016 年家庭收入情况（B）

项目	收入（元/年）	备注 收入人姓名＝个人编码（表1） 家庭统一收入＝1（户主）
一、农业基本收入 WBA		
1. 粮食作物　　小麦、稻谷、玉米、大豆、薯类		
2. 经济作物　　棉花、油料、糖料、麻类、烟草、桑蚕、蔬菜		
3. 畜牧业　　　猪、牛、羊、马		
二、工资性基本收入 WBB		
1. 工业收入		
2. 建筑业收入		
3. 运输邮电收入		
4. 商业零售收入		
5. 服务及文教卫生收入		
三、财产性收入 WBC		
1. 利息		
2. 分股（股息、分红）		
3. 土地征用补偿金		
4. 土地出租租金		
5. 房屋租赁收入		
6. 机械设备租赁收入		
7. 村集体分得收入		

续表

项目	收入（元/年）	备注 收入人姓名＝个人编码（表1） 家庭统一收入＝1（户主）
四、转移性收入 WBD		
1. 种粮补贴（包括粮食直补、农机具补贴）		
2. 畜牧业补贴		
3. 林业补贴		
4. 退耕还林还草补贴		
5. 救济金、救灾款		
6. 扶贫款、抚恤金		
7. 低保金、退休金		
8. 合作社利润		
9. 社会保障金（分别）		
9－1 新型合作医疗报销		
9－2 农村养老保险金		
9－3 城镇医疗保险		
9－4 城镇养老保险		
10. 人情礼收入		
11. 彩礼、陪嫁		
12. 商业保险赔付		

第二部分　2016 年农户种植基本情况（J）

1. 种植农作物占地___亩___分，其中自有土地面积___亩___分，分为___块，租入面积为___亩___分。

	租入年份（年）A	租入期限（年）B	租入价格（元/亩）C
租入田块 1			
租入田块 2			
租入田块 3			
租入田块 4			

2. 小麦农作物占地___亩___分，其中自有土地面积___亩___分，分为___块，租入面积为___亩___分。

	租入年份（年）D	租入期限（年）E	租入价格（元/亩）F
租入田块 1			
租入田块 2			
租入田块 3			
租入田块 4			

3. 您家农田高产稳产田___亩，占___%，易旱易涝田___亩，占___%。

4. 您所在的村（乡镇）是否有农民专业合作社？　A. 有　B. 没有　C. 不清楚；

5. 您是否参加了农业合作社或专业协会？　A. 是　B. 否

6. 您所在的村庄是否有示范园区、示范基地和示范户农民对机械化农业生产进行示范推广？
A. 没有　B. 有

7. 您是否与公司或者其他单位签订过收购合同？　　A. 是　　B. 否

8. 您是否选择了农业生产环节外包服务？　　A. 是　　B. 否　　环节：_____

9. 最近一次种植农作物生产成本，单位：元。I

作物名称 J	种植面积 K	种子总费用 L	耕整总费用 M	播种总费用 N	化肥总费用 O	灌溉总费用 P	收割总费用 Q	秸秆粉碎总费用 R	劳力工资（专指雇佣他人）S	土地租金 T	种植品种 U	播种时间 V	收获时间 W
作物 1	__亩__分												
作物 2	__亩__分												
作物 3	__亩__分												

10. 2016~2017 年种植农作物生产收入，单位：元。X

作物名称 J	面积（亩）K	单产（斤/亩）L	分批销售情况 M			总产量（斤）N	自留数量（斤）O	补贴（元）P	其他收入（元）Q
			价格（元/斤）1	销量（斤）2	出售时间 3				
作物 1	__亩__分								
作物 2	__亩__分								
作物 3	__亩__分								

第三部分　小麦新品种选择问题

1. 明年您是否打算改变小麦种植面积？

　　A. 不变　　B. 扩大　　C. 缩小

原因：＿＿＿＿＿＿＿＿＿＿＿＿＿＿＿＿＿＿＿

2. 2017 年小麦种子自留数量＿＿＿＿＿斤，这是您第＿＿＿＿＿次使用该品种。

3. 2015～2017 年您是否种植过小麦新品种？

　　A. 是　　　　　　　B. 否

4. 您种植的种子是从哪里来的？

　　A. 县种子公司　　　B. 当地个体经销商　　C. 外地经销商

　　D. 乡镇农技站　　　E. 科研机构　　　　　F. 厂家

　　G. 通过自己的社会关系获得　　　　　　　H. 其他（请注明）

5. 您从上述经营单位购买种子的原因是（可多选，最多选三个），请排序＿＿＿＿＿＿＿

　　A. 价格低　　B. 距离近，图方便　　C. 质量有保证

　　D. 人情关系　　E. 配套技术服务好　　F. 乡镇政府或村组指定

　　G. 广告宣传　　H. 其他（请注明）

6. 您从哪些途径知道这个品种？

　　A. 经销商介绍　　　B. 电视广告　　　　　C. 报纸

　　D. 别人介绍或村里人说表现不错　　　　　E. 种子站推荐

7. 您选择该品种的原因（可多选，最多选三个），请排序_____

A. 价格低　　B. 增加产量　C. 提高质量　D. 提高价格

E. 得到补贴　F. 政府要求　G. 技术成熟　H. 适宜种植

I. 其他（请注明）

8. 您在种植该品种之前是否了解它的特性？

A. 非常了解　　　　　　　B. 比较了解

C. 一般了解　　　　　　　D. 不了解

9. 该品种的主要特点是？（可多选）

A. 单产高　　　　B. 抗冻　　　　C. 抗病　　　　D. 抗倒伏

E. 其他（请注明）

10. 如果种植过新品种，种子价格比原有品种价格_____

A. 一样　　　　　　B. 高　　　　　　C. 低

11. 您在种植之前是否认为种植该品种可以增加收益？

A. 是　　　　　　　B. 否

12. 您种植新品种是否需要增加相应的投入？

A. 是　　　　　　　B. 否

　　　如果增加，您增加的主要投入是_____

　　　① 劳力　　　　② 资金

　　　③ 技术　　　　④ 其他（请注明）

13. 您今后是否会继续种植该品种？

A. 是　　　　　　B. 否　　　　　原因是_____

14. 您去年在农业生产过程中主动去咨询农技人员的次数为_____次，农技人员来访_____次，这些农技人员来自哪些部门？_____

15. 您主要从哪里获得农业生产指导的信息？

A. 报纸杂志　　　　　B. 电视广播　　　　C. 农技推广机构

D. 自己的生产经验　　E. 亲戚朋友　　　　F. 其他

16. 你们县共有几个主要小麦推广品种？

A. 1　　　　　　　　B. 2　　　　　　　C. 3

D. 4　　　　　　　　E. 5　　　　　　　F. 6

G. 不清楚

17. 你们村今年共有几个主要小麦种植品种？

A. 1　　　　　　　　B. 2　　　　　　　C. 3

D. 4　　　　　　　　E. 5　　　　　　　F. 6

G. 不清楚

18. 您家小麦种子一般多长时间会去市场购买一次？

A. 五年　　　　　　　B. 四年　　　　　　C. 三年

D. 两年　　　　　　　E. 一年　　　　　　F. 从不

G. 看到村里有更好的再买

19. 您认为提高小麦产量的最主要原因是什么？

A. 肥料　　　　　　　B. 良种

C. 技术　　　　　　　D. 其他（请注明）

20. 您是否打算种植新品种？

　A. 是　　　　　　　B. 否

不打算种植小麦新品种的原因是（可多选，最多选三个），

请排序＿＿＿＿＿

　　① 熟悉原有品种　　② 新品种有风险

　　③ 配套技术缺乏　　④ 没有技术服务

　　⑤ 政府不要求　　　⑥ 种子质量难以保证

　　⑦ 市场前景不明　　⑧ 其他（请注明）

21. 您认为从何处获得新品种种子最放心？

　A. 县种子公司　　　　B. 当地个体经销商

　C. 较大经销商　　　　D. 乡镇农技站

　E. 科研机构　　　　　F. 厂家

　G. 亲戚朋友　　　　　H. 其他（请注明）

22. 您是否担心新品种种植会出现问题？

　A. 担心　　　　　　　B. 不担心

23. 您认为风险主要来自哪里？（可多选）

　A. 市场　　　　　　　B. 技术

　C. 自然条件　　　　　D. 品种适应性

　E. 病害　　　　　　　F. 其他（请注明）

24. 今年本县是否有新种子？

　A. 有　　　　　　　　B. 无

　C. 不知道

25. 如果有新品种介绍，您会立刻买来试种吗？

A. 立刻买　　　　　B. 看看别人种植的效果明年再买

C. 不会买

26. 当地政府部门是否主推自己的地方品种？

A. 是　　　　　　　B. 否

27. 您认为本地有些小麦产量不高，最关键是因为_____

A. 品种不好　　　　B. 水肥不够

C. 年头不好

28. 您家现有小麦品种与前些年的老品种在管理上有差别吗？

A. 有　　　　　　　B. 没有

若有差别，则对于新品种的管理技术，种植管理方面如何进行？

① 按照说明书种植管理　　　　② 询问经销商

③ 看别人怎么种就怎么种

29. 您觉得新品种最重要的指标应该是什么？按照重要度进行排序_____

A. 高产　　　　B. 优质　　　　C. 抗逆

30. 您听说过良种补贴吗？

A. 是　　　　　　　B. 否

31. 您家以前享受过良种补贴吗？

A. 是　　　　　　　B. 否

如果享受过，补贴是以下哪种形式发放？

① 良种 ② 代金券 ③ 现金

④ 到固定公司购买固定品种 ⑤ 其他

32. 您听说过自 2016 年起"农作物良种补贴"、"种粮农民直接补贴"和"农资综合补贴"三种补贴合并为"农业支持保护补贴"一种补贴吗？

A. 知道 B. 不知道

如选 A，是如何知道的＿＿＿＿＿＿

33. "三补合一"后，您拿到的农业补贴有变化吗？

A. 不变 B. 增加 C. 减少

如果增加或减少，您知道为什么吗？＿＿＿＿＿＿

34. 过去补贴金额＿＿＿＿，是什么补贴＿＿＿＿＿＿＿＿。

35. 现在补贴金额＿＿＿＿，是什么补贴＿＿＿＿＿＿＿＿。

36. 您觉得现在的补贴形式对您选择小麦品种有影响吗？

A. 有 B. 无

第四部分 品种退出意愿调查

1. 您认为附近市场上的经营品种数量＿＿＿＿＿

A. 多 B. 少 C. 不清楚

2. 品种数量是否影响您的选种难度？

A. 是 B. 否

3. 您认为每年新品种在市场上有多少最合适?

A. 10 个以上　　　　　B. 5～10 个　　　　　C. 3～5 个

D. 1～2 个　　　　　　E. 2～3 年有一个

4. 你是否知道在本地区有品种已退出市场，不能再买了?

A. 知道　　　　　　　B. 不知道

5. 您觉得是否有必要禁止一些老品种在市场上流通?

A. 有必要　　　　　　B. 没有必要

6. 您希望通过什么方式使退化种子退出市场?

A. 强制退出　　　　　B. 自生自灭

C. 政府协调引导

7. 如果新品种带来的成本加大，您能接受新品种吗?

A. 能　　　　　　　　B. 不能

8. 您觉得现在新品种带来的收益明显吗?

A. 明显　　　　　　　B. 不明显

9. 您觉得小麦种子多少年更新一代您能接受?

A. 1 年　　　　　　　B. 2 年　　　　　　C. 3 年

D. 4 年　　　　　　　E. 表现好就一直种

10. 在种植过程中是否出现过假种受骗的问题?

A. 是　　　　　　　　B. 否

11. 是否听说过用老品种冒充新品种的事件?

A. 是　　　　　　　　B. 否

12. 购买小麦品种时，您选择品种是否有一定的标准？

A. 是　　　　　　　B. 否

13. 您购买种子最注重的是_____

A. 价格　　　　　　B. 牌子

C. 种子本身的质量　D. 配套服务

E. 产量　　　　　　F. 销售

G. 其他（请注明）

14. 是否听说过本地有种子监管部门？

A. 是　　　　　　　B. 否　　　　　C. 不知道

15. 您家是否种植多个品种？是_____个

A. 是　　　　　　　B. 否

16. 您家的小麦品种存在品种退化现象吗？

A. 存在　　　　　　B. 不存在

17. 您认为现在还有人留种的吗？

A. 有　　　　　　　B. 没有　　　　C. 不知道

如果有，为什么？（可多选，最多选3个），请排序_____

① 不知道新品种　　② 新老品种表现差不多

③ 老品种产量更加稳定　④ 新品种产量一般

⑤ 产量高低无所谓　　⑥ 习惯自留小麦种

⑦ 便宜

18. 您认为政府在新品种上应当做哪些工作？（可多选，最多选3个），请排序_____

A. 公布过时品种　　　　B. 禁止销售过时品种

C. 查处假冒伪劣品种　　D. 推荐新品种

E. 增加良种补贴

19. 每年县政府种子部门是不是会推出新品种？

A. 会　　　　　　　　B. 不会　　　　　C. 不知道

20. 个人能否从外地贩运小麦品种？

A. 能　　　　　　　　B. 不能　　　　　C. 不知道

21. 您认为市场上销售的小麦品种，应当_____

A. 由县种子公司垄断经营　B. 国有私营相互竞争经营

C. 国有垄断经营　　　　　D. 只要保证质量，谁都可以经营

参 考 文 献

[1] 安磊. 河南省小麦种业市场结构及其调整研究 [D]. 华中师范大学，2015.

[2] 卜范达，韩喜平. "农户经营" 内涵的探析 [J]. 当代经济研究，2003 (9)：37 - 41.

[3] 曹光乔，张宗毅. 农户采纳保护性耕作技术影响因素研究 [J]. 农业经济问题，2008 (8)：69 - 74.

[4] 曹建民，胡瑞法，黄季焜. 技术推广与农民对新技术的修正采用 [J]. 中国软科学，2005 (6)：60 - 66.

[5] 常向阳，姚华锋. 农业技术选择影响因素的实证分析 [J]. 中国农村经济，2005 (10)：36 - 41.

[6] 陈波. 农户采用水稻生产新技术和参与稻米产业化经营行为研究——基于江苏兴化、高邮、东海三县（市）的实证分析 [D]. 扬州：扬州大学，2005.

[7] 陈超，李道国. 品种权保护对农户增收的影响分析 [J]. 中国农村经济，2004 (9)：38 - 42 + 48.

[8] 陈慧萍，武拉平，王玉斌. 补贴政策对我国粮食生产的影响：基于 2004—2007 年分省数据的实证分析 [J]. 农业技术经济，2010 (4)：100 - 106.

[9] 丛人，万忠．基于 Probit 模型的水稻种植户金融需求影响及抑制因素研究——以广东 195 户水稻种植户为例 [J]．广东农业科学，2015，42（8）：164 - 170．

[10] 崔惠斌，庄丽娟．农户技术选择决策行为的综述与展望 [J]．江苏农业科学，2017，45（17）：6 - 10．

[11] 杜绍印，吴清涛，王成超，杨百战，马瑞敏，李宝红．我国小麦统一供种政策的积极作用 [J]．种子世界，2015（10）：10 - 11．

[12] 段培，王礼力，陈绳栋，赵凯．粮食种植户生产环节外包选择行为分析 [J]．西北农林科技大学学报（社会科学版），2017，17（5）：65 - 72．

[13] [俄] 恰亚诺夫著，萧正洪译．农民经济组织 [M]．北京：中央编译出版社，1996．

[14] 范存会，黄季焜．生物技术经济影响的分析方法与应用 [J]．中国农村观察，2004（1）：28 - 34 + 80．

[15] 范东君，朱有志．粮食产量影响因素的实证分析与贡献度测算 [J]．内蒙古财经学院学报，2011（3）：81 - 87．

[16] 付雪丽，王赫扬，李芳，宋维波．我国小麦种业市场发展现状与未来趋势 [J]．中国种业，2017（10）：11 - 13．

[17] 高雷．水稻种植户生产行为研究 [D]．中国农业科学院，2011．

[18] 高启杰．农业技术推广中的农民行为研究 [J]．农业科技管理，2000（1）：28 - 30．

[19] 郭军，任建超．良种补贴对粮食质量影响程度研究 [J]．经济纵横，2011（8）：86 - 89．

［20］郭泽林，赵旭．山东省粮经作物播种比例演变及结构优化研究——基于 1986—2015 统计数据［J］．中国农业资源与区划，2017，38（7）：164－171.

［21］韩军辉，李艳军．农户获知种子信息主渠道以及采用行为分析——以湖北省谷城县为例［J］．农业技术经济，2005（1）：31－35.

［22］郝晓燕，张益，韩一军．中国小麦生产布局演化及影响因素研究［J］．中国农业资源与区划，2018，39（8）：40－48.

［23］侯麟科，仇焕广，白军飞，徐志刚．农户风险偏好对农业生产要素投入的影响——以农户玉米品种选择为例［J］．农业技术经济，2014（5）：21－29.

［24］胡瑞法，黄季焜．从耕地和劳动为资源看中国农业技术构成和发展［J］．科学对社会的影响，2002（2）：30－36.

［25］胡学旭，王步军．我国小麦品质提升对策研究［J］．农产品质量与安全，2017（4）：36－39.

［26］黄桂河．农作物种子产业发展研究［D］．中国农业科学院，2008.

［27］黄季焜，胡瑞法，Hans van Meijl，Frank van Tongeren．现代农业生物技术对中国未来经济和全球贸易的影响［J］．中国科学基金，2002（6）：6－11.

［28］黄晓慧，王礼力，陆迁．农户水土保持技术采用行为研究——基于黄土高原 1152 户农户的调查数据［J］．西北农林科技大学学报（社会科学版），2019，19（2）：133－141.

［29］火怡．甘肃省农业科技推广过程中农户品种选择行为分析［J］．农业经济问题，2015（8）：8－10，16.

[30] 霍增辉，吴海涛，丁士军. 中部地区粮食补贴政策效应及其机制研究：来自湖北农户面板数据的经验证据 [J]. 农业经济问题，2015 (6)：20 – 29，110.

[31] 姜楠，韩一军，李雪. 中国小麦种业发展研究 [J]. 中国种业，2013 (10)：1 – 4.

[32] 姜太碧. 农技推广与农民决策行为研究 [J]. 农业技术经济，1998 (1)：2 – 6 + 12.

[33] 金松灿，王春平，孔欣欣，蔡珊利，陈培军. 黄淮麦区小麦产量和生理性状的遗传增益研究 [J]. 种子，2014，33 (9)：1 – 5.

[34] 靖飞，张燕. 农户水稻种子市场参与行为的影响因素分析——基于江苏和辽宁水稻种植农户的实证 [J]. 江苏农业科学，2016，44 (5)：600 – 603.

[35] 孔祥智，方松海，庞晓鹏等. 西部地区农户禀赋对农业技术采纳的影响分析 [J]. 经济研究，2004 (12)：85 – 95

[36] 李晨曦，刘文明，朱思睿，刘帅. 农户选择玉米新品种行为及影响因素分析 [J]. 玉米科学，2018，26 (2)：161 – 165.

[37] 李道国. 品种权保护制度对我国农业发展的影响研究 [D]. 南京农业大学，2006.

[38] 李冬梅，陈超，刘智，吴海春. 乡镇农技人员推广效率影响因素分析——基于四川省水稻主产区 238 户农户调查 [J]. 农业技术经济，2009 (4)：34 – 41.

[39] 李娇，王志彬. 基于 Probit 和 Tobit 双模型的农户节水灌溉技术采用行为研究——以张掖市为例 [J]. 节水灌溉，2017 (12)：85 – 89 + 93.

［40］李明辉，周玉玺，周林，杨洁，王盈桦．中国小麦生产区域优势度演变及驱动因素分析［J］．中国农业资源与区划，2015，36（5）：7 – 15.

［41］李想．粮食主产区农户技术采用及其效应研究——以安徽省水稻可持续生产技术为例［D］．中国农业大学，2014.

［42］廖翔宇．农户购种决策中羊群行为的实证研究［D］．渤海大学，2018.

［43］廖志臻，李阳，王金秋．补贴政策对农户小麦生产行为的影响［J］．粮食科技与经济，2017，42（3）：29 – 32.

［44］林祥明，蒋和平．对我国植物新品种保护制度的评价［J］．农业科技管理，2006（1）：5 – 10.

［45］刘涵，王景旭，周未．农户超级稻品种采纳行为及影响因素的实证研究——基于湖北省农户种植超级稻的调查［J］．华中农业大学学报：社会科学版，2010（4）：32 – 36.

［46］刘鹏凌．我国主要粮食补贴政策效应及调整完善研究［D］．安徽农业大学，2016.

［47］刘时东，陈印军，方琳娜．我国县域粮食生产优势区域分布研究［J］．安徽农业科学，2014，42（17）：5704 – 5706 + 5719.

［48］刘旭，王秀东，陈孝．我国粮食安全框架下种质资源价值评估探析——以改革开放以来小麦种质资源利用为例［J］．农业经济问题，2008，12：14 – 19.

［49］刘笑明，李同昇，张建忠．基于小麦良种的农业技术创新扩散研究［J］．农业系统科学与综合研究，2011，27（2）：148 – 153.

［50］［美］罗伯特·西蒙．现代决策理论的基石［M］．北京：北京

经济学院出版社，1964 年中译本.

[51] 孟俊杰，田建民，王静，杜涛，上官彩霞. 基于 Logistic 模型的农户种植优质专用小麦影响因素分析——以河南省 8 县为例 [J]. 中国农业资源与区划，2018，39（10）：11 – 16.

[52] 全国农业区划委员会. 中国综合农业区划 [M]. 北京：农业出版社，1981.

[53] 任克双. 新品种扩散过程中农户采用行为及影响因素的实证研究 [D]. 武汉：华中农业大学，2008.

[54] 宋军，胡瑞法，黄季焜. 农民的农业技术选择行为分析 [J]. 农业技术经济，1998（6）：36 – 44.

[55] 宋雨河. 市场信息和风险态度对蔬菜种植户生产决策的影响 [J]. 中国蔬菜，2018（2）：10 – 15.

[56] 陶建平，陈新建. 粮食直补对稻农参与非农劳动的影响分析：基于湖北 309 户农户入户调查的分析 [J]. 经济问题，2008（9）：74 – 77.

[57] 王佳新. 黄淮海地区农户种植小麦用药影响因素实证研究 [D]. 中国农业科学院，2018.

[58] 王珺鑫. 黄淮海粮食主产区农户经营行为研究 [D]. 泰安：山东农业大学，2015.

[59] 王秀东，王永春. 基于良种补贴政策的农户小麦新品种选择行为分析——以山东、河北、河南三省八县调查为例 [J]. 中国农村经济，2008（7）：24 – 31.

[60] 王晓蜀. 我国农户玉米品种和技术采用及增产潜力研究 [D]. 北京：中国农业大学，2016.

[61] 王峥.陕西小麦品种改良过程中产量性状和养分利用特性及其生理响应机制 [D].咸阳:西北农林科技大学,2018.

[62] 吴冲.农户资源禀赋对优质小麦新品种选择影响的实证研究 [D].南京:南京农业大学,2007.

[63] 吴连翠,谭俊美.粮食补贴政策的作用路径及产量效应实证分析 [J].中国人口·资源与环境,2013 (9):100-106.

[64] 许朗,刘金金.农户节水灌溉技术选择行为的影响因素分析——基于山东省蒙阴县的调查数据 [J].中国农村观察,2013 (6):45-54.

[65] 徐勇,邓大才.社会化小农:解释当今农户的一种视角 [J].学术月刊,2006 (7):5-13.

[66] 杨建仓.我国小麦生产发展及其科技支撑研究 [D].中国农业科学院博士论文.2008.

[67] 杨尚威.中国小麦生产区域专业化研究 [D].西南大学,2011.

[68] 杨志武,钟甫宁.农户生产决策研究综述 [J].生产力研究,2011 (9):209-211.

[69] 俞云,李芳.基于面板数据的农业气象灾害对中国粮食产量的影响分析 [J].经济与管理,2010 (11):5-8.

[70] 袁惊柱,姜太碧.我国粮食新品种的增收效应及影响因素——以小麦新品种"川麦42"为例 [J].农村经济,2012 (2):52-55.

[71] 曾铮.浙江省蔬菜种植农户生产技术选择行为分析 [D].杭州:浙江农林大学,2014.

[72] 张慧琴.粮食生产补贴政策评价研究 [D].沈阳:沈阳农业大学,2016.

［73］张立全，张晓东．我国优质小麦生产现状及其开发对策［J］．现代农业科技，2009（22）：66－68．

［74］张森，徐志刚，仇焕广．市场信息不对称条件下的农户种子新品种选择行为研究［J］．世界经济文汇，2012（4）：74－89．

［75］张彦君．粮食直接补贴政策效果及影响路径分析［D］．西北农林科技大学，2017．

［76］张舰，韩纪江．有关农业新技术采用的理论及实证研究［J］．中国农村经济，2002（11）：54－60．

［77］张怡．农户花生生产行为分析——基于河南、山东两省44县（市）731份农户调查数据［J］．农业技术经济，2015（3）：91－97．

［78］赵广才，常旭虹，王德梅，杨玉双，冯金凤．中国小麦生产发展潜力研究报告［J］．作物杂志，2012（3）：1－5．

［79］中国小麦品质区划方案（试行）［J］．中国农业信息快讯，2001（6）：19－20．

［80］钟文晶，邹宝玲，罗必良．食品安全与农户生产技术行为选择［J］．农业技术经济，2018（3）：16－27．

［81］周未，刘涵，王景旭等．农户超级稻品种采纳行为及影响因素的实证研究——基于湖北省农户种植超级稻的调查［J］．华中农业大学学报，2010（4）：32－36．

［82］周未．西南四省农户采纳超级稻品种的行为及影响因素研究［D］．华中农业大学，2011．

［83］周竹君．当前我国谷物消费需求分析［J］．农业技术经济，2015（5）：68－75．

［84］朱萌．基于 Probit—ISM 模型的稻农农业技术采用影响因素分析——以湖北省 320 户稻农为例［J］．数理统计与管理，2016（1）：11 –23.

［85］朱希刚，赵绪福．贫困山区农业技术采用的决定因素分析［J］．农业技术经济，1995（5）：18 –21 +26.

［86］庄道元，卓翔之，黄海平，凌莉．农户小麦补贴品种选择行为的影响因素分析［J］．西北农林科技大学学报（社会科学版），2013，13（3）：81 –86.

［87］庄道元．基于农户视角的粮食作物主导品种推广绩效研究——以安徽省小麦为例［D］．南京农业大学，2011.

［88］A. D. Sheikh, T. Rehman, C. M. Yates. Logit models for identifying the factors that influence the uptake of new "no-tillage" technologies by farmers in the rice-wheat and the cotton-wheat farming systems of Pakistan's Punjab［J］. Agricultural Systems, 2003, 75（1）.

［89］Akpan, S. B. , S. Nkanta, V. , Essien, U. A. . A Double-Hurdle Model of Fertilizer Adoption and Optimum Use among Farmers in Southern Nigeria ［J］. Tropicultura, 2012, 30（4）.

［90］Ana Guerrero de la Peña, Navindran Davendralingam, Ali K. Raz, Daniel DeLaurentis, Gregory Shaver, Vivek Sujan, Neera Jain. Projecting line-haul truck technology adoption：How heterogeneity among fleets impacts system-wide adoption［J］. Transportation Research Part E, 2019, 124.

［91］Andrea Zimmermann, Thomas Heckelei. Structural Change of European Dairy Farms-A Cross-Regional Analysis［J］. Journal of Agricultural Economics, 2012, 63（3）.

[92] Andrea Zimmermann, Wolfgang Britz. European farms' participation in agri-environmental measures [J]. Land Use Policy, 2016, 50.

[93] Barkley, Porter. The Determinants of Wheat Variety Selection in Kansas, 1974 to 1993 [J]. American Journal of Agriculture Economic, 1996 (78): 202 –211.

[94] Barrett, Reardon. Nomfarm Income Diversification and Household Livelihood Strategies in Rural Africa: Concept, Dynamics and Policy Implications [J]. Food Policy, 2001 (26): 315 –331.

[95] Beth Clark, Glyn D. Jones, Helen Kendall, James Taylor, Yiying Cao, Wenjing Li, Chunjiang Zhao, Jing Chen, Guijun Yang, Liping Chen, Zhenhong Li, Rachel Gaulton, Lynn J. Frewer. A proposed framework for accelerating technology trajectories in agriculture: a case study in China [J]. Frontiers of Agricultural Science and Engineering, 2018, 5 (4): 485 –498.

[96] Bhende, Venkataram. Impact of diversification on household income and risk: A whole-farm modelling approach [J]. Agricultural System, 1994 (44): 301 –312.

[97] Buppha Raksanam. Environmental Health Risk Behaviours Related to Agrochemical Exposure among Rice Farmers [A]. Information Engineering Research Institute. Advances in Biomedical Engineering—2012 Asia Pacific Conference on Environmental Science and Technology (APEST 2012) [C]. Information Engineering Research Institute: Information Engineering Research Institute, 2012: 6.

[98] David Harvey, Carmen Hubbard, Matthew Gorton, Barbara Tocco.

How Competitive is the EU's Agri-Food Sector? An Introduction to a Special Feature on EU Agri-Food Competitiveness [J]. Journal of Agricultural Economics, 2017, 68 (1).

[99] Deng, H. S., Huang, J. K., Xu, Z. G., Rozelle, S.. 2010. Policy support and emerging farmer professional cooperatives in rural China. China Economic Review, 21, 495 − 507.

[100] Doss. Designing Agricultural Technology for African Women Farmers: Lessons from 25 Years of Experience [J]. World Development, 2001 (29): 2075 − 2092.

[101] Ebewore Solomon Okeoghene. Adoption of Herbicides by Arable Crop Farmers in Edo State, Nigeria [J]. Journal of Northeast Agricultural University (English Edition), 2017, 24 (4): 80 − 88.

[102] Froukje Kruijssen, Menno Keizer, Alessandra Giuliani. Collective action for small-scale producers of agricultural biodiversity products [J]. Food Policy, 2008, 34 (1).

[103] Jon Hellin, Mark Lundy, Madelon Meijer. Farmer organization, collective action and market access in Meso-America [J]. Food Policy, 2008, 34 (1).

[104] Khondoker A. Mottaleb. Perception and adoption of a new agricultural technology: Evidence from a developing country [J]. Technology in Society, 2018.

[105] Kim Kleinman. Working at the Intersection of the Histories of Science, Technology, and Agriculture [J]. Agricultural History, 2018, 92 (4).

[106] Lena Fredriksson, Alastair Bailey, Sophia Davidova, Matthew Gorton, Diana Traikova. The commercialisation of subsistence farms: Evidence from the new member states of the EU [J]. Land Use Policy, 2017, 60.

[107] Linde Inghelbrecht, Gert Goeminne, Guido Van Huylenbroeck, Joost Dessein. When technology is more than instrumental: How ethical concerns in EU agriculture co-evolve with the development of GM crops [J]. Agriculture and Human Values, 2017, 34 (3).

[108] Lunner-Kolstrup, Hörndahl, Karttunen. Farm operators' experiences of advanced technology and automation in Swedish agriculture: a pilot study [J]. Journal of Agromedicine, 2018, 23 (3).

[109] Mansfield E., 1961, Technical Change and the Rate of Innovation [M]. Econometrica, 29: 741 −766.

[110] Mustapha F. A. Jallow, Dawood G. Awadh, Mohammed S. Albaho, Vimala Y. Devi, Binson M. Thomas. Pesticide risk behaviors and factors influencing pesticide use among farmers in Kuwait [J]. Science of the Total Environment, 2017, 574.

[111] Naziri, Aubert, Codron, Loc, Moustier. Estimating the Impact of Small-Scale Farmer Collective Action on Food Safety: The Case of Vegetables in Vietnam [J]. Journal of Development Studies, 2014, 50 (5).

[112] Ovharhe, O. J.. Aquaculture Technology Adoption by Fadama Ⅲ Farmers in Niger Delta, Nigeria [J]. Journal of Northeast Agricultural University (English Edition), 2016, 23 (4): 78 −81.

[113] Pamuk, Van Rijn. The Impact of Innovation Platform Diversity in

Agricultural Network Formation and Technology Adoption: Evidence from Sub-Saharan Africa [J]. The Journal of Development Studies, 2019, 55 (6).

[114] Paul Schrimpf. Turning Teens on to Technology in Agriculture [J]. Croplife, 2018, 181 (12).

[115] Pinaki Mondal, Manisha Basu. Adoption of precision agriculture technologies in India and in some developing countries: Scope, present status and strategies [J]. Progress in Natural Science, 2009, 19 (6): 659 –666.

[116] Price, T. Jeffrey. Lamb, Marshall C. , Wetzstein, Michael E. . Technology choice under changing peanut policies [J]. Agricultural Economics, 2005 (7): 11 –19.

[117] Robert J. Angell, Matthew Gorton, Paul Bottomley, John White. Understanding fans' responses to the sponsor of a rival team [J]. European Sport Management Quarterly, 2016, 16 (2).

[118] Rogers E. M. and F. F. Shoemaker. Communication of innovation [M]. New York: Free Press.

[119] Sanch-Maritan, Vedrine. Forced Displacement and Technology Adoption: An Empirical Analysis Based on Agricultural Households in Bosnia and Herzegovina [J]. The Journal of Development Studies, 2019, 55 (6).

[120] Schultz. T. W.. Economic growth and agriculture [M]. New York, 1V1cGraw-Hill, 1968.

[121] Schultz. T. W.. Transforming traditional agriculture [M]. New Haven, Corm. : Yale University Press, 1964.

[122] Sidra Ghazanfar, Zhang Qi-wen, Muhammad Abdullah, Jaleel

Ahmed, mran Khan, Zeeshan Ahmad. Factors Hindering Pakistani Farmers' Choices Towards Adoption of Crop Insurance [J]. Journal of Northeast Agricultural University (English Edition), 2015, 22 (2): 92 – 96.

[123] S. Popkin. The Rational Peasant [M]. California, USA: University of California Press, 1979.

后　记

在新冠肺炎疫情蔓延、全球经济下滑、蝗虫灾害以及中美贸易摩擦等多重风险叠加下，国际粮食供求形势日益复杂，产业链、供应链稳定畅通面临极大挑战。在此背景下，我国出台了一系列政策措施稳定粮食等重要农产品生产，对守住口粮绝对安全底线，确保"谷物基本自给，口粮绝对安全"战略目标意义重大。预计未来一段时期粮食总量将持续稳定，国内小麦供需基本平衡，国内小麦品种发展趋势逐渐演化为抓中间、带两头，即以中筋为主，弱筋和强筋为辅。

本书是我们在2007年农户调研数据及2008年研究成果的基础上，对调研农户相隔10年后进行重访，并进一步对比十年间变化后完成的。历经10年，颇为不易，饮水思源，本书在写作过程中得到了众多专家、朋友的帮助，现一并致谢。

首先，感谢中国农业科学院王济民研究员、孙君茂研究员和张银定副研究员，中央财经大学于爱芝教授，北京农学院刘芳教授，北京市农林科学院郝利研究员，中国社会科学院农村发展研究所胡冰川研究员，中国农业科学院农业信息研究所王川研究员，中国农业科学院农业资源与农业区划研究所李虎研究员，中国农业科学院作物科学研究所顿宝庆研究员，中国农业科学院农产品加工研究所李刚副研究员，等等，各位专家从研究思路、研究方向等多角度、多维度地给予我们建设性的意见和建议以及无私的帮助。其次，感谢青岛农业大学王宝卿教授在问卷调研过程中提供的大力帮助与支持。此外，中国农业科学院农业经济与发展研究所韩昕儒副研究员等多位研究伙伴都提供了有益的帮助，在此向他们表示深深的谢意。

作者

2020 年 11 月

图书在版编目（CIP）数据

黄淮海地区农户种植小麦品种选择研究/王秀东等著.
—北京：经济科学出版社，2020.12
ISBN 978 - 7 - 5218 - 2118 - 5

Ⅰ.①黄…　Ⅱ.①王…　Ⅲ.①黄淮海平原 - 小麦 -
选择育种 - 研究　Ⅳ.①S512.103

中国版本图书馆 CIP 数据核字（2020）第 234943 号

责任编辑：齐伟娜　赵　蕾
责任校对：李　建
技术编辑：李　鹏　范　艳

黄淮海地区农户种植小麦品种选择研究
王秀东　李　媛　王永春　闫琰　著
经济科学出版社出版、发行　新华书店经销
社址：北京市海淀区阜成路甲 28 号　邮编：100142
总编部电话：010 - 88191217　发行部电话：010 - 88191540
网址：www.esp.com.cn
电子邮箱：esp@esp.com.cn
天猫网店：经济科学出版社旗舰店
网址：http://jjkxcbs.tmall.com
北京季蜂印刷有限公司印装
710×1000　16 开　8.25 印张　80000 字
2020 年 12 月第 1 版　2020 年 12 月第 1 次印刷
ISBN 978 - 7 - 5218 - 2118 - 5　定价：33.00 元
（图书出现印装问题，本社负责调换。电话：010 - 88191510）
（版权所有　侵权必究　打击盗版　举报热线：010 - 88191661
QQ：2242791300　营销中心电话：010 - 88191537
电子邮箱：dbts@esp.com.cn）